KNUT RICHTER

Dynamische Aufgaben der diskreten Optimierung

Akademie-Verlag
Berlin

Knut Richter

Dynamische Aufgaben der diskreten Optimierung

Dynamische Aufgaben der diskreten Optimierung

von

Knut Richter

Mit 6 Abbildungen und 15 Tabellen

AKADEMIE-VERLAG · BERLIN

1982

Verfasser:
Dozent Dr. sc. nat. Dr. oec. KNUT RICHTER
Technische Hochschule Karl-Marx-Stadt

Erschienen im Akademie-Verlag, DDR-1086 Berlin, Leipziger Straße 3—4
Lektor: Dipl.-Math. Gesine Reiher

Lizenznummer: 202 · 100/420/82
Gesamtherstellung: VEB Druckhaus „Maxim Gorki“, 7400 Altenburg
Umschlaggestaltung: Rolf Kunze
Bestellnummer: 763 002 6 (6641) · LSV 1085
Printed in GDR
DDR 18,— M

Vorwort

Viele praktische diskrete Optimierungsaufgaben, wie Probleme der Aufteilung eines gegebenen Produktionsprogramms auf kürzere Zeiträume, dynamische deterministische Lagerhaltungsmodelle, Modelle der langfristigen Planung u. a., sind besonders strukturiert und lassen sich als *endliche diskrete Prozesse* modellieren, für die optimale Steuerungen gesucht sind. Die entsprechenden Optimierungsaufgaben werden *dynamische Aufgaben* genannt. So spricht man beispielsweise von dynamischen Aufgaben der linearen Optimierung [16], wenn alle Beziehungen in der Aufgabe linear sind. Liegen Probleme der diskreten Optimierung vor, so entstehen *dynamische Aufgaben der diskreten Optimierung.*

Der vorliegende Band wendet sich an Mathematiker, Ingenieure und Ökonomen, die auf dem Gebiet der Modellierung und Optimierung ökonomischer, technologischer und technischer Systeme in Theorie und Praxis arbeiten. Sie sollen mit den Möglichkeiten der Modellierung und Lösung spezieller Aufgaben am Beispiel der dynamischen Aufgaben der diskreten Optimierung vertraut gemacht werden. Grundlagen für die folgenden Darlegungen sind die umfangreiche internationale Literatur und die im Zeitraum von über zehn Jahren vom Autor bei der Lösung praktischer dynamischer Aufgaben gesammelten Erfahrungen.

Es werden einige typische dynamische Modelle vorgestellt und solche Lösungsprinzipien ausgewählt, die sich für die Behandlung dynamischer Aufgaben der diskreten Optimierung als besonders geeignet erwiesen haben. Sie basieren auf zwei Grundprinzipien: dem *Prinzip der Konstruktion äquivalenter Aufgaben* und dem *Prinzip der Konstruktion dualer Aufgaben.* Mit dem ersten Prinzip werden drei kombinatorische Lösungszugänge (diskrete dynamische Optimierung, implizite Enumeration, Algorithmen des kürzesten Weges) und ein Dekompositionszugang hergeleitet. Die Realisierung des zweiten Prinzips führt zu Methoden der näherungsweisen Lösung, zu Verfahren der Schrankenbestimmung und ebenfalls zu Dekompositionsmethoden. Die Umsetzung dieser Lösungszugänge wird für verschiedene polynomial lösbare bzw. NP-schwierige Aufgabenklassen vorgenommen, an einfachen Beispielen erläutert und an Aufgaben der *Lagerhaltung* und der *mittel-* und *langfristigen Produktionsplanung* auf ihre Effektivität untersucht.

Der Gegenstand des Buches ist nicht die diskrete dynamische Optimierung. Vielmehr wird eine ganze Reihe von Zugängen zur Lösung dynamischer Aufgaben beschrieben, unter denen die dynamische Optimierung einen ganz bestimmten Platz einnimmt. Es ist an dieser Stelle nicht möglich, auf alle möglichen Verfahren zur Lösung dynamischer Aufgaben einzugehen. Beispielsweise werden Approximations- und Näherungsverfahren [6, 24, 27] nur andeutungsweise erwähnt, obwohl in letzter Zeit diesen Zugängen eine besondere Aufmerksamkeit zukommt.

Der Band ist so verfaßt, daß Leser mit unterschiedlichen Interessen Anregungen finden können. Für den Fachmann der Optimierung mögen die Darlegungen zur Äquivalenz von Optimierungsaufgaben, zur Dualität und zu Dekompositionsverfahren lesenswert sein. Andere Leser werden die Ausführungen zu numerischen Fragen der Realisierung der Verfahren, zu den Beziehungen zwischen verschiedenen Methoden, zur Modellierung oder zu einzelnen Modellen besonders studieren. Für das Verständnis sind Grundkenntnisse der linearen, dynamischen und diskreten Optimierung erforderlich.

Neben umfassenden Monographien und Lehrbüchern zu verschiedenen Gebieten der Optimierung erscheinen seit einiger Zeit Veröffentlichungen, in denen speziellere Aufgabenklassen detailliert untersucht werden. Erwähnt seien die Arbeiten über Transportaufgaben der linearen Optimierung [58], über Belegungs- und Reihenfolgeprobleme [22, 36, 58] und über Aufgaben der optimalen Standardisierung [4]. Das vorliegende Buch ist als weiterer Schritt in dieser Richtung gedacht.

Der Autor hatte in den letzten Jahren zahlreiche Diskussionen über Fragen der Modellierung und Lösung von dynamischen Aufgaben der diskreten Optimierung. Die Herren Prof. B. I. Kusin (Polytechnisches Institut Leningrad), Dr. J. J. Finkelstein (AdW der UdSSR Moskau), Prof. M. Schoch (Bergakademie Freiberg), Prof. K. Beer (Technische Hochschule Karl-Marx-Stadt), Mitarbeiter und Studenten des Lehrstuhls für mathematische Optimierung der Technischen Hochschule Karl-Marx-Stadt und Kollegen aus verschiedenen Betrieben des Bezirkes Karl-Marx-Stadt haben durch ihre Gesprächsbereitschaft zur Gestaltung des Buches beigetragen. Wertvolle Anregungen gab auch Herr Dr. sc. nat. J. Terno (Technische Universität Dresden). Dank gebührt Herrn Dr. R. Höppner und Fräulein Dipl.-Math. G. Reiher vom Akademie-Verlag Berlin für ihr Entgegenkommen und ihre Unterstützung.

Karl-Marx-Stadt, im September 1982 Knut Richter

Inhalt

1. Einführung

In diesem Kapitel geben wir eine Vorstellung von den Modellen und Methoden der diskreten Optimierung, formulieren die hier betrachtete Aufgabenklasse — die dynamischen Aufgaben der diskreten Optimierung — und machen den Leser mit den wesentlichsten Aussagen und Ergebnissen, die in diesem Buch erfaßt werden, in verbaler Form vertraut.

1.1. Modelle und Methoden der diskreten Optimierung

1.1.1. Seit reichlich zwanzig Jahren beobachtet man ein wachsendes Interesse an der Lösung diskreter Optimierungsaufgaben. Es stellte sich schon in den ersten Jahren der Entwicklung von Modellen und Methoden der linearen und nichtlinearen Optimierung heraus, daß in vielen Fällen die stetige Veränderung gewisser Variabler eine unzulässige Abstraktion ist. Dieser Umstand führte seit den fünfziger Jahren zur Untersuchung von Optimierungsproblemen, in denen einige (oder alle) Veränderliche nur endlich oder abzählbar viele Werte annehmen darf, der sogenannten ganzzahligen (gemischt-ganzzahligen, diskreten, gemischt-diskreten usw.) Optimierungsaufgaben.

Daneben standen Aufgaben kombinatorischer Art im Blickfeld. In diesen Aufgaben ist eine endliche, aber im allgemeinen hinreichend große Anzahl von Varianten gegeben, aus denen nach einem vorgegebenen Kriterium die beste auszuwählen ist. Es zeigte sich sehr bald, daß die beiden angedeuteten Aufgabenklassen Merkmale besitzen, die sie von anderen Optimierungsproblemen wesentlich unterscheiden und die die Herausarbeitung einheitlicher Lösungsprinzipien gestatten. Die Betonung der Unstetigkeiten grenzt diese Aufgaben von den linearen und nichtlinearen Optimierungsaufgaben ab. Das Hervorheben der endlichen bzw. abzählbaren Wertebereiche der Variablen und der endlichen Anzahl der Varianten, mit einem Wort, die Endlichkeit in diesen Aufgaben, führte zur Entwicklung zahlreicher diese Eigenschaft ausnutzender kombinatorischer Lösungsverfahren.

Die Klasse der diskreten Optimierungsaufgaben ist so umfassend und vielschichtig, daß wir in diesem Buch eine Einengung vornehmen und nur Aufgaben der Minimierung einer reellen Zielfunktion auf einer endlichen Menge betrachten. Wir klammern damit gemischt-diskrete Aufgaben und Probleme mit abzählbar unendlichen Wertebereichen der Variablen aus.

Symbolisch kennzeichnen wir Optimierungsaufgaben im weiteren mit (f, X). Dieses Symbol steht für die Aufgabe

$$f(X) = \min \{f(x) : x \in X\}.$$

Die Menge X wird als *zulässiger Bereich*, die reelle Funktion f als *Zielfunktion* und jedes

Element $x \in X$ als *zulässige Lösung* der Aufgabe (f, X) bezeichnet, $f(X)$ ist der minimale Funktionswert. Wir nennen die Aufgabe (f, X) *diskrete Optimierungsaufgabe*, wenn die Menge X endlich ist. Es ist eine solche zulässige Lösung $x^* \in X$ zu bestimmen, die einen minimalen Funktionswert besitzt. Diese Lösung nennen wir *optimale Lösung*.

Zur Illustration verweisen wir auf zwei konkrete Aufgaben:

1. *Ganzzahlige lineare Optimierungsaufgabe mit oberen Schranken.*[1]) In dieser Aufgabe gilt $x = (x_1, x_2, \ldots, x_n)$,

$$f(x) = f(x_1, x_2, \ldots, x_n) = \sum_{j=1}^{n} c_j x_j$$

und

$$X = \{x = (x_1, x_2, \ldots, x_n) : \sum_{j=1}^{n} a_{ij} x_j = b_i, \quad i = 1, 2, \ldots, m, \quad 0 \leqq x_j \leqq d_j,$$

$$x_j \text{ ganzzahlig}, j = 1, 2, \ldots, n\}.$$

2. *Rundreiseproblem.* Hier ist $x = (i_1, i_2, \ldots, i_n)$ eine beliebige Permutation der Zahlen $1, 2, \ldots, n$, X ist die Menge aller Permutationen von $1, 2, \ldots, n$ und

$$f(x) = f(i_1, i_2, \ldots, i_n) = t_{0,i_1} + t_{i_n,0} + \sum_{s=2}^{n} t_{i_{s-1},i_s}.$$

In dieser Aufgabe soll ein Reisender, ausgehend von der Stadt 0, alle Städte $1, 2, \ldots, n$ genau einmal besuchen und dann zur Ausgangsstadt zurückkehren, wobei die Entfernungen zwischen den Städten i und j durch die Größen t_{ij} gegeben sind. Es ist eine solche Rundreise gesucht, bei der die zurückgelegte Entfernung minimal ist.

1.1.2. Wir wenden uns nun den grundsätzlichen Vorgehensweisen bei der Lösung diskreter Optimierungsaufgaben zu. Die schon erwähnte Vielfalt, Komplexität und Kompliziertheit der Aufgaben hat dazu geführt, das heute drei Ebenen zu unterscheiden sind, in denen an der Lösung diskreter Optimierungsaufgaben gearbeitet wird:

1. *Ausarbeitung von Lösungsprinzipien.* Für Aufgaben (f, X) einer relativ hohen Abstraktionsebene werden prinzipielle Lösungswege aus anderen Gebieten der Mathematik übernommen oder neu entwickelt, wie das Schnittprinzip [40], die diskrete dynamische Optimierung [3, 15, 23], Branch-and-Bound-Methoden [23, 40], das Erweiterungsprinzip [54], das Partitions- oder Aufteilungsprinzip [40], Approximationsmethoden [6, 24, 27], das Dekompositionsprinzip [45] u. a. Über die Effektivität dieser Zugänge kann auf der entsprechenden Abstraktionsebene oft nur wenig ausgesagt werden.

2. *Entwicklung von Lösungsverfahren.* Vorhandene Lösungsprinzipien werden einzeln oder kombiniert für gewisse Aufgabenklassen konkretisiert. Beispiele dafür sind Schnittmethoden für ganzzahlige Optimierungsaufgaben oder Realisierungen der Branch-and-Bound-Methode für Rundreiseprobleme.

---

[1]) Wir erläutern die verwendeten üblichen Begriffe und Symbole verschiedener mathematischer Disziplinen nicht, definieren dagegen alle Begriffe, die sich von üblichen Darstellungen unterscheiden bzw. die neuartig sind.

3. *Algorithmische Realisierung.* In den Lösungsverfahren gibt es noch Schritte oder Tests, die verbal formuliert sind. Für die Lösung einer Optimierungsaufgabe auf einer elektronischen Datenverarbeitungsanlage (EDVA) ist es notwendig, genaue Festlegungen zu treffen und im Prozeß der rechentechnischen Realisierung aus dem Verfahren den Algorithmus zu entwickeln, der schnell, mit geringem Speicheraufwand, numerisch stabil und variabel einsetzbar relativ umfangreiche Probleme zu lösen vermag.

1.1.3. Trotz beachtlicher Erfolge bei der Ausarbeitung von Prinzipien, Verfahren und Algorithmen bereitet das Lösen großer diskreter Optimierungsaufgaben Schwierigkeiten. Für viele praktisch wichtigen und theoretisch interessanten Aufgabenstellungen sind bis heute nur Algorithmen bekannt, die einen *exponentiellen* Aufwand an Rechenzeit haben, wie er etwa durch die Funktion $p_1(n) = 10^n$ gegeben ist. n sei hier die Länge des Vektors der im Rechner codierten Eingangsdaten des Problems. Die ganzzahlige lineare Optimierungsaufgabe, das Rundreiseproblem, das Tornisterproblem (bei binärer Codierung der Problemdaten) und viele andere bekannte Aufgaben können deshalb nur bis zu einer gewissen Problemgröße exakt gelöst werden.

Für einige Aufgaben sind Algorithmen entwickelt worden, die einen *polynomialen* Aufwand, etwa von der Art $p_2(n) = n^2$, haben. Zu ihnen gehören das Problem des kürzesten Weges und die Aufgabe der linearen Optimierung. Der Vergleich des Aufwands bei $n = 5$ mit $p_1(5) = 10^5 \gg p_2(5) = 25$ zeigt den qualitativen Unterschied zwischen dem exponentiellen und dem polynomialen Aufwand. Deshalb werden polynomial lösbare Probleme, d. h. Probleme, für die ein Algorithmus mit polynomialer Aufwandsabschätzung bekannt ist, auch effektiv lösbar genannt [8].

Die numerische Praxis des Lösens von diskreten Optimierungsaufgaben bestätigt die Richtigkeit der Einteilung der Probleme in polynomial lösbare und solche, für die nur Algorithmen mit einem exponentiellen Aufwand vorliegen. Dabei ist aber folgendes zu beachten: Zum einem kann eine Exponentialfunktion gegebenenfalls ein günstigeres Verhalten als ein Polynom aufweisen. Zum anderen erfaßt die Abschätzung des Aufwands alle, auch die pathologischen Fälle einer Aufgabe und kann deshalb für die meisten konkreten Probleme sehr grob sein. Beispielsweise erfordert die bekannte Simplexmethode fast immer einen Aufwand von etwa $3\,m/2$ Simplexiterationen. Es ist jedoch bekannt, daß ihr Aufwand nicht durch ein Polynom abgeschätzt werden kann. Erst in letzter Zeit ist ein Algorithmus für lineare Optimierungsaufgaben mit polynomialem Aufwand entwickelt worden [24].

1.1.4. Die skizzierte Situation stimulierte Untersuchungen der „Kompliziertheit" von diskreten Optimierungsaufgaben. Im Rahmen der Kompliziertheitstheorie wird untersucht, mit welchem Aufwand das eine oder andere Problem auf einem vorgegebenen Rechnermodell gelöst werden kann. Die Fragestellung der Optimierung wird dabei in der folgenden Weise modifiziert. Bei einer Aufgabe der Maximierung interessiert der Aufwand, mit dem eine Lösung erreicht werden kann, deren Funktionswert eine Schranke $\bar{f}$ nicht unterschreitet. Mit anderen Worten geht es darum, mit welchem Aufwand auf die Frage, ob die Menge $\{x \in X : f(x) \geqq \bar{f}\}$ bei beliebigem $\bar{f}$ nichtleer ist, eine positive Antwort gegeben werden kann.

Für solche Entscheidungsprobleme sind zwei *Kompliziertheitsklassen* P und NP entwickelt worden. Die Klasse P erfaßt die Probleme, die sich auf einem deterministischen

Rechnermodell — etwa einem herkömmlichen Rechner — mit einem polynomialen Algorithmus lösen lassen. Zur Klasse NP gehören alle Probleme, die auf einem sogenannten nichtdeterministischen Rechnermodell mit einem polynomialen Aufwand gelöst werden. Den Begriff nichtdeterministisches Rechnermodell erläutern wir hier nicht weiter und verweisen auf die Literatur [1, 19, 24, 33]. Verwendung finden auch die Begriffe *deterministischer* und *nichtdeterministischer* Algorithmus.

Innerhalb der Klasse NP läßt sich die Klasse NPC der sogenannten NP-*kompletten* Probleme formulieren. Aufgaben aus NPC zeichnen sich dadurch aus, daß der Schwierigkeitsgrad ihrer Lösung nicht geringer als der sämtlicher Probleme aus NP ist. NP-komplett sind die in 1.1.3. erwähnten Probleme mit exponentieller Aufwandsabschätzung für die vorhandenen Algorithmen. Überhaupt ist heute noch für kein NP-komplettes Problem ein effektiver Algorithmus bekannt.

Aus diesem Grund neigen viele Wissenschaftler zu der Hypothese, daß $P \neq NP$ gilt, d. h., daß die NP-kompletten Probleme prinzipiell nicht mit deterministisch poynomialen Algorithmen gelöst werden können [1, 8, 24, 27, 33]. Wenn eine Aufgabe in die Klasse NPC eingeordnet werden kann, so wird allgemein die Auffassung vertreten, daß die Entwicklung eines Algorithmus mit polynomialen Aufwand unwahrscheinlich ist. Für diese Meinung spricht die Aussage, daß im Falle der Existenz eines effektiven Algorithmus für ein NP-komplettes Problem alle NP-kompletten Aufgaben polynomial lösbar wären.

Den Nachweis der NP-Komplexität führt man mit Hilfe der folgenden Begriffe und Aussagen. Nach [19] reduziert sich das Problem Π' auf das Problem Π ($\Pi' \alpha \Pi$) genau dann, wenn die Lösung jeder Aufgabe π' im Sinne der Konkretisierung des Problems Π' durch einen deterministischen polynomialen Algorithmus aus der Lösung einer Aufgabe π des Problems Π gewonnen werden kann, die mit polynomialen Aufwand aus π' konstruiert werden kann. Beispielsweise reduziert sich das Tornisterproblem auf die ganzzahlige lineare Optimierungsaufgabe, da jedem konkreten Tornisterproblem gleichzeitig eine ganzzahlige lineare Optimierungsaufgabe entspricht, deren Lösung das vorliegende Tornisterproblem selbst löst. Der Nachweis der Reduzierbarkeit von Problemen ist jedoch nicht immer trivial. Zwei Probleme nennen wir *polynomial äquivalent*, wenn $\Pi' \alpha \Pi \alpha \Pi'$ gilt.

Satz 1.1 ([19]). *Ein Problem $\Pi \in$ NP ist genau dann NP-komplett, wenn sich ein anderes NP-komplettes Problem auf Π reduziert.*

Wenn wir die Reduzierbarkeit eines NP-kompletten Problems auf ein voliegendes Problem nachweisen können und dessen Zugehörigkeit zu NP außer acht lassen, so wird es *NP-schwierig* oder *NP-hard* genannt. Nach diesen Begriffen und Aussagen sind alle Probleme NP-schwierig, die als Spezialfall das Tornisterproblem oder ein anderes NP-komplettes Problem enthalten. Können wir mit Hilfe eines deterministisch polynomialen Algorithmus stets von der Lösung eines Problems auf die Lösung eines anderen Problems schließen, so reduziert sich das zweite Problem auf das erste. Demzufolge folgt dann aus der NP-Komplexität des zweiten Problems, daß das erste NP-schwierig ist. Schließlich ergibt sich aus der polynomialen Äquivalenz zweier Probleme, daß sie den gleichen Schwierigkeitsgrad beim Lösen aufweisen.

Die angedeuteten Ergebnisse der Kompliziertheitstheorie haben mehrere Konsequenzen. Neben dem Einsatz exakter Verfahren sind für die Lösung großdimensionierter Aufgaben stets die Anwendungsmöglichkeiten von Verfahren zur näherungsweisen Lösung zu prüfen.

Diese Zugänge liefern wohl nicht immer gesichert optimale bzw. zulässige Lösungen, gestatten jedoch Aussagen über das zu lösende Problem in abschätzbarer Zeit. Eine weitere Schlußfolgerung besteht in der möglichst konkreten Umsetzung der vorhandenen Lösungsprinzipien, um durch die Ausnutzung der speziellen Struktur den numerischen Aufwand zu senken. Das zwingt zur detaillierteren Untersuchung gegebener Aufgaben, zur Herausarbeitung von Eigenschaften optimaler Lösungen und zur Formulierung von solchen Aufgabenklassen, die effektiv lösbar sind.

1.2. Markowsche und nichtmarkowsche dynamische Aufgaben

1.2.1. Wir umreißen nun die Probleme, die wir in diesem Buch behandeln. Viele Situationen und Probleme der Ökonomie, der Technologie und anderer Gebiete reduzieren sich, wenn wir den Sachverhalt auf das wesentliche beschränken, auf die folgende Aufgabenstellung. Ein *endlicher diskreter Prozeß* verläuft in den *Stufen* (oder *Zeitpunkten*, *Perioden* usw.) $t = 0, 1, 2, \ldots, T$. Er wird in jeder Stufe t durch den *Zustand* y_t charakterisiert. Zu diesem Zustand gelangt man durch die Wahl einer *Steuerung* x_t, die, in die Zustandsgleichung

$$y_t = P_t(y_{t-1}, x_t), \qquad t = 1, 2, \ldots, T,$$

eingesetzt, zusammen mit dem Zustand der vorangegangenen Stufe zu y_t führt.

Beispielsweise seien y_t der Vorrat[2]) eines Produkts am Ende einer t-ten Periode, x_t die Menge, die von diesem Produkt in der t-ten Periode hergestellt wird, und B_t der von außen anliegende Bedarf an diesem Produkt in t. Dann haben wir den diskreten Prozeß der Vorratsentwicklung in den Perioden $1, 2, \ldots, T$ mit der Zustandsgleichung

$$y_t = P_t(y_{t-1}, x_t) = y_{t-1} + x_t - B_t, \qquad t = 1, 2, \ldots, T,$$

vorliegen.

Wir beschreiben nun den allgemeinen diskreten Prozeß weiter. Für das Anlaufen des Prozesses ist die Vorgabe eines *Anfangszustandes* $y_0 = y^0$ notwendig. Die Steuerungen sind nun gewöhnlich aus *Steuerbereichen* zu wählen, die mit X_t bezeichnet werden. Wir setzen voraus, daß in den hier betrachteten Problemen diese Mengen immer endlich sind. Die Steuerungen dürfen den Prozeß nicht aus gewissen *Zustandsmengen* Y_t herausführen. Oft liegen auch gemeinsame Forderungen an Zustand und Steuerung vor, die wir symbolisch durch die Inklusion

$$(y_{t-1}, x_t) \in Z_t, \qquad t = 1, 2, \ldots, T,$$

erfassen. Alle Stufen werden quantitativ durch *Bewertungen*

$$f_t(y_{t-1}, x_t), \qquad t = 1, 2, \ldots, T,$$

eingeschätzt. Verschiedene Realisierungen des Prozesses ergeben im allgemeinen unterschiedliche summarische Bewertungen. Es entsteht die Aufgabe, solche Steuerungen zu bestimmen, deren Summe der Bewertungen minimal (oder maximal) ist. Wenn wir unter diesen Bewertungen Kosten der Realisierung des Prozesses verstehen, so ist leicht einzusehen, daß ein Interesse an der optimalen Wahl der Steuerungen besteht. Wir nennen dieses

---

[2]) Alle auftauchenden ökonomischen Begriffe sind nicht als ökonomische Kategorien anzusehen. Sie erlauben deshalb verschiedene Interpretationen.

Problem *markowsche dynamische Aufgabe der diskreten Optimierung.* In mathematischen Symbolen ist das die Aufgabe (M)

$$\begin{aligned}
&\sum_{t=1}^{T} f_t(y_{t-1}, x_t) + f_0(y_T) \to \min, \\
&y_t = P_t(y_{t-1}, x_t), \qquad x_t \in X_t, \qquad y_t \in Y_t, \\
&(y_{t-1}, x_t) \in Z_t, \qquad t = 1, 2, \ldots, T, \qquad y_0 = y^0.
\end{aligned} \tag{M}$$

Auf Grund der Endlichkeit der Steuerbereiche erhalten wir bei $T = 1$ eine diskrete Optimierungsaufgabe im beschriebenen Sinne. Natürlich ist auch (M) selbst eine diskrete Optimierungsaufgabe, denn $x = (x_1, x_2, \ldots, x_T)$ als Vektor der Steuerungen ist aus einer endlichen Menge auszuwählen, und die Zustände ergeben sich eindeutig aus den festgelegten Steuerungen. Wir vermerken noch, daß $f_0(y_T)$ eine Bewertung des Zustandes der letzten Stufe ist.

Die Wahl des Begriffs markowsche dynamische Aufgabe ist im Zusammenhang mit den Eigenschaften des modellierten Prozesses zu sehen. In diesem Prozeß sind der Zustand und die Bewertung einer t-ten Stufe nur von der Steuerung in t und dem Zustand in $t - 1$ abhängig. Diese Eigenschaft bezeichnet man oft als markowsche Eigenschaft.

In vielen praktischen Aufgaben ist gerade die markowsche Eigenschaft nicht erfüllt. Dann ist für die Formierung des Zustandes noch bedeutsam, welche Steuerungen in den Stufen $t - 1, t - 2, \ldots, t - s$ auftreten. Wir kommen ebenfalls zu einer diskreten Optimierungsaufgabe, in der neben dem Anfangszustand auch noch Entscheidungen der „Vorgeschichte", d. h. die Steuerungen der Stufen $0, -1, -2, \ldots, 1 - s$, vorgegeben werden. Es entsteht die sogenannte *nichtmarkowsche dynamische Aufgabe der diskreten Optimierung* (NM)

$$\begin{aligned}
&\sum_{t=1}^{T} f_t(y_{t-1}, x_{t-s}, \ldots, x_t) + f_0(y_T) \to \min, \\
&y_t = P_t(y_{t-1}, x_{t-s}, \ldots, x_t), \qquad x_t \in X_t, \qquad y_t \in Y_t, \\
&(y_{t-1}, x_{t-s}, \ldots, x_t) \in Z_t, \qquad t = 1, 2, \ldots, T, \\
&x_t = x_t^0, \qquad t = 1 - s, \ldots, -1, 0, \qquad y_0 = y^0.
\end{aligned} \tag{NM}$$

Bei $s = 0$ ergibt sich aus (NM) die Aufgabe (M).

1.2.2. Welche Aussagen lassen sich für Aufgaben dieser Art gewinnen? Die Formulierung der Probleme (M) und (NM) ist bisher so allgemein gehalten, daß folglich auch keine konkreten Ergebnisse zu erwarten sind. Wie die weiteren Darlegungen zeigen, können wir an diesen Aufgaben das prinzipielle Vorgehen bei der Lösung konkreter Aufgaben demonstrieren, ohne uns mit Fragen beschäftigen zu müssen, die für die Lösung konkreter Aufgaben zwar wichtig, jedoch nicht von ausschlaggebender Bedeutung sind.

Zur Vertiefung der Vorstellungen des Lesers über die Struktur dynamischer Aufgaben betrachten wir am Anfang des zweiten Kapitels vier dynamische Aufgaben, die verschiedene ökonomisch-technologische Prozesse der Produktionsplanung modellieren. Einige dieser Aufgaben sind vordergründig keine diskreten Optimierungsaufgaben. Ihre Analyse, die in den weiteren Kapiteln fortgesetzt wird, führt aber zu der Erkenntnis, daß die Überführung in ein Problem der diskreten Optimierung angebracht ist. Diese Aufgaben sind typische Vertreter für einige spezielle Klassen dynamischer Aufgaben: die *eindimensionalen*, die *horizontal* und die *vertikal separablen* Aufgaben. In den eindimensionalen Aufgaben sind die Steuerbereiche und Zustandsmengen Teilmengen der Menge der reellen Zahlen. Die horizontal bzw. vertikal separablen Probleme entstehen aus der Kopplung mehrerer eindimensionaler Aufgaben. Charakteristisch für diese Probleme ist, daß das Fixieren einer Gruppe von Variablen, d. h. von einigen Steuerungen, zum Zerfall der Aufgaben in mehrere eindimensionale Aufgaben führt.

Im zweiten Kapitel stellen wir auch den Zusammenhang zwischen den markowschen und nichtmarkowschen Aufgaben her. Wir zeigen, daß jeder nichtmarkowschen Aufgabe eine äquivalente markowsche Aufgabe mit erweiterten Zustandsmengen zugeordnet werden kann. Daraus ergibt sich die Möglichkeit der Betrachtung von Lösungsverfahren allein für markowsche Aufgaben.

Das dritte Kapitel ist der Darlegung einiger grundlegender Zugänge zur Lösung dynamischer Aufgaben der diskreten Optimierung gewidmet. Charakteristisch für die von uns betrachteten Verfahren ist, daß neben der Ausgangsaufgabe noch eine weitere äquivalente Aufgabe eingeführt wird. Somit spielt der *Äqiuvalenzbegriff* für Optimierungsaufgaben eine wesentliche Rolle. Deshalb präzisieren wir den Äquivalenzbegriff, beschreiben ein *Konstruktionsprinzip*, mit dem einer Aufgabe durch Vorgabe einer Abbildung eine äquivalente Aufgabe zugewiesen wird und stellen Beziehungen zur polynomialen Äquivalenz aus 1.1.3. her.

Aus der Klasse der kombinatorischen Lösungsverfahren wählen wir die Zugänge der *diskreten dynamischen Optimierung*, der *impliziten Enumeration* und der *Konstruktion* eines *äquivalenten Problems des kürzesten Weges* aus. Wir zeigen, daß diese Lösungsprinzipien auf verschiedenen Realisierungen des erwähnten Konstruktionsprinzips beruhen.

Im letzten Abschnitt dieses Kapitels führen wir den Leser in das Gebiet der *Dualisierung* diskreter Optimierungsaufgaben ein. Wir zeigen, wie mit Hilfe von sogenannten *Spaltengenerierungs-* und *Subgradientenverfahren* effektiv *Näherungslösungen* für separable diskrete Optimierungsaufgaben gewonnen werden können. Die Konkretisierung dieser Verfahren für separable dynamische Aufgaben ergibt Lösungsprozeduren, die zur Klasse der sogenannten *Dekompositionsverfahren* gerechnet werden.

In den weiteren Kapiteln widmen wir uns der Untersuchung eindimensionaler, separabler und nichtmarkowscher dynamischer Aufgaben. Die Darlegung führen wir beispielbezogen. Die vier Aufgabentypen aus dem zweiten Kapitel werden detailliert untersucht und nach Möglichkeit in eine der Klassen P oder NPC eingeordnet. Die Anwendung der Lösungsprinzipien aus Kapitel 3 ergibt dann verschiedene Algorithmen zur Lösung dieser Probleme. Die gewonnenen Erkenntnisse werden verbal auf allgemeinere Aufgabenstellungen übertragen.

Große Bedeutung messen wir dem Wechselspiel der verschiedenen dynamischen Aufgaben bei. Die eindimensionalen Aufgaben nehmen hier eine gewisse Schlüsselstellung ein, denn in allen Zugängen zur Lösung separabler Probleme müssen sie, entweder zur Schrankenberechnung oder zur Charakterisierung äquivalenter oder dualer Aufgaben, in großer Zahl gelöst werden.

Daneben berichten wir von numerischen Experimenten mit Aufgaben größerer Dimension, die dem Leser eine Vorstellung vom Leistungsvermögen der Verfahren geben sollen

Ein Teil der vorgestellten Modelle ist in den siebziger Jahren für Betriebe des Bezirks Karl-Marx-Stadt entwickelt worden. Die Lösungsverfahren bestanden in diesen Fällen auch den Test mit realem Datenmaterial.

1.2.3. Das Buch wurde absichtlich so geschrieben, daß Leser mit unterschiedlichen Interessen und Ansprüchen Anregungen finden können. Einem Leser, der sich für die Fragen der Modellierung diskreter Optimierungsaufgaben interessiert, empfehlen wir das zweite Kapitel und die Anfänge der Kapitel 4 bis 6. Falls es ihm um konkrete Fragen der Realisierung von Lösungsalgorithmen geht, kann er die Abschnitte zur Äquivalenz von Optimierungsaufgaben übergehen. Das Studium der Abschnitte 3.1. bis 3.3. dagegen kann möglicherweise auch für Leser mit umfassenderen Kenntnissen auf dem Gebiet der Optimierung von Nutzen sein.

Nun möchten wir die spezielle Aufmerksamkeit des Lesers auf die Abschnitte des Buches richten, in denen in der einen oder anderen Form Dekompositionsverfahren beschrieben werden. Wir sind der Überzeugung, daß sich besonders die Modelle der diskreten Optimierung für die Lösung mit Dekompositionsverfahren eignen. Viele Aufgaben sind so strukturiert, daß sich eine Zerlegung in kleinere, effektiv lösbare Aufgaben anbietet. Das Problem, durch das der Zusammenhang dieser kleineren Aufgaben gewährleistet wird, ist wohl eine relativ komplizierte Optimierungsaufgabe, jedoch entzieht auch sie sich nicht einer exakten oder näherungsweisen Lösung. Mit den Darlegungen in den nächsten Abschnitten hoffen wir, den Leser davon zu überzeugen.

In den Schlußbemerkungen beschreiben wir in thesenhafter Form unsere Erfahrungen aus der Modellierung und Lösung diskreter Optimierungsaufgaben und resümieren somit verbal die Grundgedanken, die in diesem Band ihre konkrete Umsetzung gefunden haben.

Die Kapitel 2 bis 6 sind im wesentlichen frei von Literaturhinweisen und Zitaten. Deshalb wird am Ende des Buches gezeigt, welches Gedankengut aus der Literatur in unsere Darlegungen eingeflossen ist. Die verwendeten Literaturstellen geben wir kapitelweise an.

2. Dynamische Aufgaben der diskreten Optimierung

Wir stellen einige typische Modelle vor, wie man sie in der wissenschaftlichen Literatur und in der praktischen Anwendung findet. Anschließend klassifizieren wir die dynamischen Aufgaben in allgemeiner Form und ordnen die vorgestellten Modelle ein. Ein weiteres Ergebnis dieses Kapitels ist die Aussage, daß jeder nichtmarkowschen dynamischen Aufgabe, wie wir sie schon in der Einleitung skizziert haben, eine äquivalente markowsche Aufgabe entspricht. Dieser Umstand ermöglicht es später, die Darlegungen der Lösungsprinzipien allein für markowsche Aufgaben zu führen und diese als Zugänge zur Lösung nichtmarkowscher Aufgaben zu verwenden.

Die unten angeführten Beispiele sind ausschließlich der Planung ökonomischer Objekte in ihrer Dynamik entlehnt. Da jedoch separable Optimierungsaufgaben in dynamische Aufgaben transformiert werden können, ist auch die Sphäre praktischer Beispiele für dynamische Aufgaben wesentlich breiter als hier angedeutet werden kann.

Es ist nicht immer zweckmäßig, Aufgaben in die Klasse der dynamischen Aufgaben überzuführen. Der Übergang erscheint als sinnvoll, wenn die auftretenden Zustandsgleichungen eine relativ schwache Kopplung der verschiedenen Stufen des Prozesses widerspiegeln.

2.1. Beispiele dynamischer Aufgaben

2.1.1. *Lagerhaltungsmodell mit konkaven Kosten.* Wir betrachten den Prozeß der Herstellung und Lagerung eines homogenen Produkts im Verlaufe von T Perioden. Variabel seien die Produktionsmenge x_t der t-ten Periode und die Menge des Vorrats y_t am Ende der t-ten Periode. Für jede Periode $t = 1, 2, \ldots, T$ liege ein bekannter nichtnegativer Bedarf an diesem Produkt B_t vor, der befriedigt werden soll. Aus technologischen Gründen müssen in jeder Periode vom Erzeugnis mindestens x_t^- und höchstens x_t^+ Einheiten hergestellt und mindestens y_t^- und höchstens y_t^+ Einheiten gelagert werden. Diese Parameter seien nichtnegativ. Vereinfacht setzen wir voraus, daß die Vorräte am Anfang und am Ende des Planungszeitraums gleich Null seien. Weiter nehmen wir an, daß die konkaven Kostenfunktionen $c_t(\cdot)$ und $L_t(\cdot)$ bekannt sind, die die Produktions- bzw. die Lagerungskosten in Abhängigkeit von den Produktions- bzw. den Vorratsmengen angeben. Bei Null seien die Werte der beiden Funktionstypen selbst gleich Null.

Der Vorrat am Ende einer t-ten Periode ergibt sich offensichtlich aus dem Vorrat der vorangegangenen Periode zuzüglich der Produktionsmenge der t-ten Periode und abzüglich des in dieser Periode zu befriedigenden Bedarfs. Das Ziel des umrissenen ökonomischen Objekts bestehe in der Bestimmung und Realisierung eines solchen Planes der Produktion und Lagerung, der allen Restriktionen gerecht wird und die anfallenden Gesamtkosten minimiert. Diesen Sachverhalt beschreibt das folgende Modell:

$$
\begin{aligned}
&\sum_{t=1}^{T} \big(c_t(x_t) + L_t(y_t)\big) \to \min, \\
&y_t = y_{t-1} + x_t - B_t, \qquad x_t^- \leqq x_t \leqq x_t^+, \\
&y_t^- \leqq y_t \leqq y_t^+, \qquad t = 1, 2, \ldots, T, \qquad y_0 = y_T = 0.
\end{aligned}
\tag{2.1}
$$

Die Zielfunktion in diesem Modell ist als Summe von konkaven Funktionen selbst konkav. Die Menge der zulässigen Lösungen, die durch ein System von linearen Gleichungen und Ungleichungen vorliegt, ist eine konvexe abgeschlossene polyedrische Menge. Da die Vorräte am Anfang und am Ende gleich Null sind, kann im betrachteten System offensichtlich nur eine beschränkte Menge an Erzeugnissen produziert und gelagert werden. Daraus folgt, daß die Menge der zulässigen Lösungen auch beschränkt und somit ein konvexes Polytop ist.

Es ist gut bekannt, daß das Minimum einer konkaven Funktion auf einem nichtleeren konvexen Polytop in einem der Extremalpunkte angenommen wird. Damit ist es für die Lösung der Aufgabe hinreichend, die optimale Lösung unter den Extremalpunkten des zulässigen Bereichs zu suchen. Da deren Anzahl endlich ist, haben wir eine Aufgabe mit einem endlichen zulässigen Bereich vorliegen. In späteren Abschnitten zeigen wir, welche konkrete Struktur die Extremalpunkte des Modells (2.1) und seiner Modifikationen aufweisen.

2.1.2. *Mehrproduktmodell der Produktionsplanung.* Die horizontale Kopplung mehrerer Modelle vom Typ (2.1) führt zur mathematischen Beschreibung folgender Situation: Die Planung der Auslastung einer Anlage zur Herstellung von m verschiedenen Produkten wird für T Perioden durchgeführt. Für jedes Erzeugnis j und jede Periode t sei ein zu befriedigender nichtnegativer Bedarf B_{jt} vorgegeben. Variabel sei die Anzahl x_{jt} der in der t-ten Periode zu fertigenden j-ten Erzeugnisse und deren Vorrat y_{jt} am Ende dieser Periode. Die Herstellung einer Einheit j erfordere a_j Zeiteinheiten bei einem für alle Perioden t beschränkten Zeitfonds P_t. Zusätzlich gehen vom Zeitfonds h_{jt} Einheiten an Vorbereitungs- und Abschlußzeit für j-te Produkte ab, wenn diese in einer entsprechenden Periode hergestellt werden. Weiter wird auch für jede Periode eine beschränkte Lagerkapazität A_t vorausgesetzt, wobei mit b_j die für die j-te Einheit benötigte Lagerkapazität bezeichnet wird. Mit den Vorbereitungs- und Abschlußkosten d_{jt} und Lagerkosten L_j für eine Einheit j pro Periode steht nun die Aufgabe

— die Gesamtkosten zu minimieren,
— den Bedarf in jeder Periode für jedes Produkt zu befriedigen,
— die Zeitfonds in allen Perioden einzuhalten und
— mit den Vorräten die Lagerkapazität nicht zu überschreiten.

Diese Problemstellung wird durch die folgenden Beziehungen modelliert:

$$\begin{aligned}
&\sum_{t=1}^{T}\sum_{j=1}^{m}(d_{jt}\operatorname{sign}x_{jt}+L_jy_{jt})\to\min,\\
&y_{jt}=y_{j,t-1}+x_{jt}-B_{jt},\qquad x_{jt}\geqq 0,\\
&y_{jt}\geqq 0,\qquad j=1,2,\ldots,m,\qquad t=1,2,\ldots,T,\\
&y_{j0}=y_{jT}=0,\qquad j=1,2,\ldots,m,\\
&\sum_{j=1}^{m}(a_jx_{jt}+h_{jt}\operatorname{sign}x_{jt})\leqq P_t,\\
&\sum_{j=1}^{m}b_jy_{jt}\leqq A_t,\qquad t=1,2,\ldots,T.
\end{aligned}\tag{2.2}$$

Wegen der Nichtnegativität der Variablen gehen die Vorbereitungs- und Abschlußkosten nur bei $x_{jt}>0$ in die Zielfunktion ein, da sign $0=0$ ist. Die Berechnung der Vorräte erfolgt wie im Modell (2.1). Die Vorräte werden ebenfalls am Anfang und am Ende des Planungszeitraums gleich Null gesetzt. Die Aufgabe (2.2) modelliert eine umfangreiche

Klasse von Produktionssituationen, in denen für die einzelnen Perioden nur der Umfang und nicht die Reihenfolge der Produktion festzulegen ist.

Die Unstetigkeiten in der Zielfunktion und in den Restriktionen lassen eine Diskretisierung des zulässigen Bereiches der Aufgabe als sinnvoll erscheinen. Eine Grundlage für die Diskretisierung bilden die folgenden Überlegungen: Wenn die Zeitfonds hinreichend groß sind, so werden die entsprechenden Restriktionen redundant, und der zulässige Bereich der Aufgabe geht in ein konvexes Polytop über. Man sucht dann unter allen Extremalpunkten dieses Polytops denjenigen heraus, der den Zeitbeschränkungen gerecht wird und die Zielfunktion minimiert. Auf diese Weise entsteht etwas künstlich eine diskrete Optimierungsaufgabe. Zu welchen konkreten Ergebnissen diese Diskretisierung führt, zeigen wir in den weiteren Abschnitten.

2.1.3. *Produktionsplanungsmodell mit zweifachen Fixkosten.* Wir bleiben bei der in 2.1.2. beschriebenen Situation und verzichten auf die Berücksichtigung der Restriktionen des Zeitfonds und der Lagerkapazität. Zu den schon bekannten Fixkosten d_{jt} führen wir weitere periodenabhängige Fixkosten g_t ein. Diese sollen in der Zielfunktion genau dann auftreten, wenn die Summe aller in einer Periode hergestellten Erzeugnisse positiv ist, mit anderen Worten, wenn in der entsprechenden Periode überhaupt etwas produziert wird. Diese Forderungen führen auf das folgende Modell:

$$\begin{aligned}
&\sum_{t=1}^{T}\left(g_t \operatorname{sign}\left(\sum_{j=1}^{m} x_{jt}\right) + \sum_{j=1}^{m}(d_{jt}\operatorname{sign} x_{jt} + L_j y_{jt})\right) \to \min,\\
&y_{jt} = y_{j,t-1} + x_{jt} - B_{jt},\\
&x_{jt} \geqq 0, \qquad y_{jt} \geqq 0, \qquad y_{j0} = y_{jT} = 0, \qquad\qquad (2.3)\\
&t = 1, 2, \ldots, T, \qquad j = 1, 2, \ldots, m,
\end{aligned}$$

Diese Aufgabe ist wiederum ein Problem der Minimierung einer konkaven Funktion auf einem konvexen Polytop. Deshalb erhalten wir eine diskrete Optimierungsaufgabe, wenn wir uns auf die Suche von Extremalpunkten des Polytops beschränken.

2.1.4. *Modell der langfristigen Planung.* Ein Betrieb stelle ein homogenes (oder aggregiertes) Produkt her. Für jede der T Perioden sei der Bedarf B_t bekannt. Die Kapazität des Betriebes zum Zeitpunkt $t = 0$ reiche nicht aus, um den wachsenden Bedarf an den Erzeugnissen des Betriebes zu befriedigen.

Für die mögliche Erweiterung der Kapazität stehen Varianten zur Verfügung, wobei eine j-te Variante, $j = 1, 2, \ldots, m$, durch die Parameter c_{jr} und v_{jr}, $r = 1, 2, \ldots, s$, charakterisiert werde. c_{jr} gibt die finanziellen Mittel an, die für die Realisierung der j-ten Variante im r-ten Jahr (Periode) seit Beginn der Arbeit an dieser Variante der Kapazitätserweiterung benötigt werden, v_{jr} bezeichnet den Zuwachs an Produktionskapazität in der gleichen Periode. Die Realisierungsdauer s sei ohne Einschränkung für alle j gleich.

Die finanziellen Mittel werden aus gewissen Fonds in jeder Periode t im Umfang C_t zur Verfügung gestellt. Nicht verwendete Fonds können in die nächste Periode übernommen werden. Die Planung der Kapazitätserweiterungen des Betriebes darf die vorhandenen finanziellen Fonds in jeder Periode nicht überschreiten.

Im Modell berücksichtigen wir die folgenden variablen Größen: y_t bezeichne die am Ende einer Periode t vorrätigen finanziellen Mittel. K_t sei die Kapazität der t-ten Periode. Mit den logischen Variablen $x_{jt} \in \{0, 1\}$ entscheiden wir, ob in der Periode t mit der Realisierung der Variante j begonnen werden soll (bei $x_{jt} = 1$) oder nicht (bei $x_{jt} = 0$).

Es ist nun eine solche Erweiterungsstrategie zu bestimmen, die eine kontinuierliche Bedarfsbefriedigung absichert, keine Überschreitung der zur Verfügung stehenden finanziellen Fonds zuläßt und die anfallenden Kosten minimiert. Der Einfachheit halber berücksichtigen wir weder eine Diskontierung noch einen Verschleiß bzw. eine Aussonderung der Kapazitäten.

Vor der Beschreibung des Modells wollen wir auf einige Fragen der Modellierung, der Kapazitätsentwicklung und der finanziellen Mittel eingehen. Betrachten wir zuerst die Kapazität. Für eine Periode t ergibt sich die Kapazität K_t aus der Kapazität der vorangegangenen Periode K_{t-1} und dem Zuwachs aus allen Varianten j, die in den Perioden t, $t - 1, , \ldots, t + 1 - s$ begonnen wurden. Damit gilt allgemein

$$K_t = K_{t-1} + \sum_{j=1}^{m} \sum_{p=t+1-s}^{t} x_{jp} v_{j,t+1-p}, \qquad t = 1, 2, \ldots, T.$$

Mit den gleichen Überlegungen kommt man zur Entwicklungsgleichung für die finanziellen Fonds:

$$y_t = y_{t-1} + C_t - \sum_{j=1}^{m} \sum_{p=t+1-s}^{t} x_{jp} c_{j,t+1-p}, \qquad t = 1, 2, \ldots, T.$$

Zur Beschreibung des Modells benötigen wir nun nur noch die exogenen Parameter der Kapazität K_0, der restlichen finanziellen Fonds y_0 der 0-ten Periode, und mit

$$x_{jt}^0, \qquad j = 1, 2, \ldots, m, \qquad t = 2 - s, 3 - s, \ldots, 0,$$

Informationen über die Erweiterungstätigkeit vor dem Planungszeitraum.

Nun ist die vollständige Darstellung des Modells möglich:

$$\begin{aligned}
&\sum_{t=1}^{T} \sum_{j=1}^{m} \left(\sum_{r=1}^{s} c_{jr} \right) x_{jt} \to \min, \\
&x_{jt} = 0; 1, \qquad j = 1, 2, \ldots, m, \qquad t = 1, 2, \ldots, T, \\
&x_{jt} = x_{jt}^0, \qquad j = 1, 2, \ldots, m, \qquad t = 2 - s, \ldots, 0, \\
&K_t = K_{t-1} + \sum_{j=1}^{m} \sum_{p=t+1-s}^{t} x_{jp} v_{j,t+1-p}, \\
&y_t = y_{t-1} + C_t - \sum_{j=1}^{m} \sum_{p=t+1-s}^{t} x_{jp} c_{j,t+1-p}, \\
&y_t \geqq 0, \qquad K_t \geqq B_t, \qquad t = 1, 2, \ldots, T. \\
&K_0 = K^0, \qquad y_0 = y^0.
\end{aligned} \tag{2.4}$$

Die vorliegende Aufgabe ist wiederum eine Aufgabe der diskreten Optimierung.

Wir weisen darauf hin, daß in der Zielfunktion die Gesamtkosten der Realisierung einer Variante auch dann auftreten, wenn nur ein Teil des Kapazitätszuwachses in den T Perioden wirksam wird.

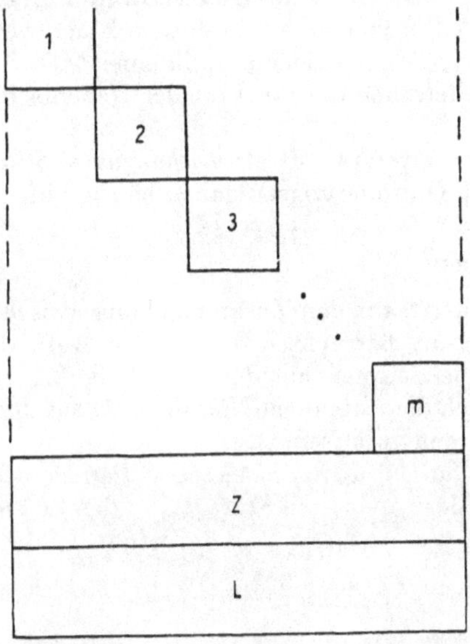

Abb. 2.1

2.1.5. Wir werden die Struktur der Nebenbedingungen der beschriebenen Aufgaben in einem groben Schema darstellen. Die Restriktionen der Aufgabe (2.2) sind in Abb. 2.1 erfaßt. Die Teilblöcke 1, 2, ..., m symbolisieren die Bedingungen der Bedarfsbefriedigung

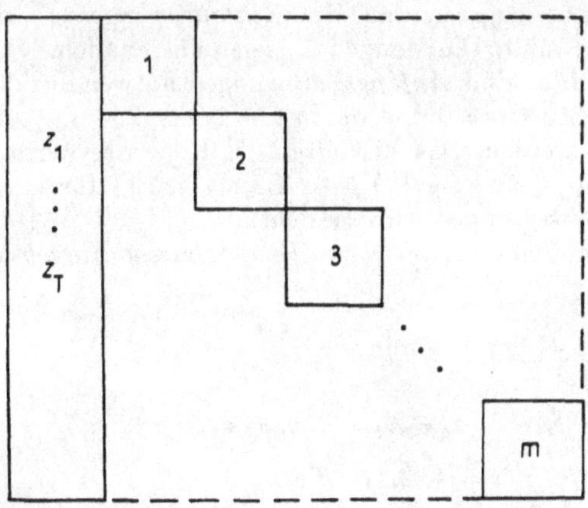

Abb. 2.2

für die einzelnen Produkte in ihrer Dynamik. Die zwei verbindenden Blöcke Z und L stehen für die Beschränkungen der Zeitfonds und der Lagerkapazität.

Die Nebenbedingungen der Aufgabe (2.3) bestehen nur aus den Teilblöcken der Abb. 2.1. Wie wir später sehen werden, führt die spezielle Struktur der Zielfunktion zu einem zusätzlichen Block, der senkrecht neben den Teilblöcken steht. In diesem Block wird durch neu zu formulierende Variable z_t, $t = 1, 2, \ldots, T$, entschieden, ob in einer t-ten Periode etwas hergestellt wird oder nicht. Desha b hat letztlich die Struktur der Nebenbedingungen die in Abb. 2.2 angedeutete Gestalt.

Diese beiden Strukturen werden in der Literatur oft als *blockangulare Struktur* und als *Verbundstruktur* bezeichnet. Sie treten in Optimierungsaufgaben häufig auf.

2.2. Klassifikation dynamischer Aufgaben

2.2.1. In diesem Abschnitt gehen wir zuerst auf den Zusammenhang zwischen markowschen und nichtmarkowschen Aufgaben ein, betrachten dann einige wesentliche Klassifikationsmerkmale und ordnen danach die Beispiele aus dem Abschnitt 2.1. ein.

Wir formulieren noch einmal ausführlich die Aufgaben (NM) und (M) aus der Einleitung, um deren Zusammenhang deutlicher werden zu lassen.

Für einen *diskreten Prozeß* mit den *Stufen*, *Zeitpunkten* oder *Perioden* $0, 1, 2, \ldots, T$ werde die Transformation des *Zustandes* der $(t-1)$-ten Stufe y_{t-1} in den Zustand der t-ten Stufe y_t durch die *Steuerungen*

$$x_{t-s}, \qquad x_{t-s+1}, \ldots, x_t$$

und die *Zustandsgleichung*

$$y_t = P_t(y_{t-1}, x_{t-s}, \ldots, x_t), \qquad t = 1, 2, \ldots, T,$$

realisiert. Diese Gleichungen erfassen die Möglichkeiten der Zeitverzögerung im Prozeß und des Einflusses von Entscheidungen der Vergangenheit auf die Formierung des Zustandes der Gegenwart. Die Zustände y_t seien aus den *Zustandsmengen* Y_t, den *Steuerbereichen* X_t und den Mengen Z_t gewählt. Die Mengen X_t seien alle endlich.

Damit der Prozeß anlaufen kann, sind *Anfangsbedingungen* notwendig, durch die der Zustand des Prozesses y^0 in der Stufe $t = 0$ und die in $t - 1 - s, 2 - s, \ldots, 0$ gewählten Steuerungen x_t^0 fest vorgegeben werden. Das Verhalten des Prozesses werde quantitativ durch die reellen Funktionen $f_t(\cdot, \cdot, \ldots, \cdot)$ auf $Y_{t-1} \times X_{t-s} \times \cdots \times X_t$ für alle t bewertet. Das Minimum der Summe der Bewertungen wird gesucht.

Diese Aufgabenstellung führt auf eine *nichtmarkowsche dynamische Aufgabe der diskreten Optimierung:*

$$\begin{aligned}
&\sum_{t=1}^{T} f_t(y_{t-1}, x_{t-s}, \ldots, x_t) + f_0(y_T) \to \min, \\
&y_t = P_t(y_{t-1}, x_{t-s}, \ldots, x_t), \qquad x_t \in X_t, \qquad y_t \in Y_t, \\
&(y_{t-1}, x_{t-s}, \ldots, x_t) \in Z_t, \qquad t = 1, 2, \ldots, T, \\
&x_t = x_t^0, \qquad t = 1 - s, \ldots, 0, \qquad y_0 = y^0.
\end{aligned} \tag{2.5}$$

Wenn in dieser Aufgabe $s = 0$ gesetzt wird, so entsteht die markowsche dynamische Aufgabe der diskreten Optimierung (M)

$$\begin{aligned} &\sum_{t=1}^{T} f_t(y_{t-1}, x_t) + f_0(y_T) \to \min, \\ &y_t = P_t(y_{t-1}, x_t), \qquad x_t \in X_t, \qquad y_t \in Y_t, \\ &(y_{t-1}, x_t) \in Z_t, \qquad t = 1, 2, \ldots, T, \qquad y_0 = y^0. \end{aligned} \tag{2.6}$$

Wir demonstrieren nun, wie mit den Informationen der nichtmarkowschen Aufgabe (2.5) eine markowsche Aufgabe vom Typ (2.6) erzeugt werden kann. Das Wesen des Übergangs erläutern wir zuerst an einem Beispiel:

Es seien nur die Zustandsgleichungen

$$y_t = y_{t-1} + x_{t-1} + x_t, \qquad t = 1, 2, \ldots, T,$$

einer nichtmarkowschen Aufgabe gegeben. Damit liegt

$$P_t(y_{t-1}, x_{t-1}, x_t) = y_{t-1} + x_{t-1} + x_t, \qquad t = 1, 2, \ldots, T,$$

vor. Wir sehen nun neben y_t für jede Stufe des Prozesses auch x_t als Komponente des Zustandes an. Dann läßt sich die obige Zustandsgleichung in der Form

$$y_t' = (y_t^1, y_t^2) = (y_{t-1}^1 + y_{t-1}^2 + x_t, x_t) = P_t'(y_{t-1}', x_t), \qquad t = 1, 2, \ldots, T,$$

darstellen, wobei die Dimension des Zustandsvektors anwächst.

Wir sehen sofort, daß aus einer zulässigen Lösung $\{x_t, y_{t-1}'\}_{t=1}^T = \{x_t, y_{t-1}^1, y_{t-1}^2\}_{t=1}^T$ des markowschen Problems eine zulässige Lösung der nichtmarkowschen Aufgabe $\{x_t, y_{t-1}^1\}_{t=1}^T$ abgelesen werden kann.

Analog entsteht aus der nichtmarkowschen Aufgabe (2.5) die folgende markowsche Aufgabe (2.7):

$$\begin{aligned} &\sum_{t=1}^{T} h_t(y_{t-1}', x_t) + h_0(y_T') \to \min, \\ &y_t' = P_t'(y_{t-1}', x_t), \qquad x_t \in X_t, \qquad y_t' \in Y_t', \\ &(y_{t-1}', x_t) \in Z_t, \qquad t = 1, 2, \ldots, T, \qquad y_0' = y^{0'}, \end{aligned} \tag{2.7}$$

wobei gilt

$$\begin{aligned} &X_t = \{x_t^0\}, \qquad t = 1 - s, \ldots, 0, \\ &Y_t' = Y_t \times X_{t-s+1} \times \cdots \times X_t, \\ &P_t'(y_{t-1}', x_t) = \big(P_t(y_{t-1}', x_t), \quad x_{t-s+1}, \ldots, x_t\big), \\ &h_t(y_{t-1}', x_t) = f_t(y_{t-1}', x_t), \qquad t = 1, 2, \ldots, T, \\ &y^{0'} = (y^0, x_{1-s}^0, \ldots, x_0^0), \qquad h_0(y_T') = f_0(y_T^1). \end{aligned}$$

Die ersten Komponenten der Vektoren y_t', $t = 1, 2, \ldots, T$, sind hier mit y_t^1 bezeichnet.

Einerseits entspricht jeder zulässigen Lösung $\{x_t, y'_{t-1}\}_{t=1}^T$ der Aufgabe (2.7) die zulässige Lösung $\{x_t, y^1_{t-1}\}_{t=1}^T$ der Aufgabe (2.5) mit dem gleichen Funktionswert. Andererseits kann man aus der letzteren Lösung die erstere stets konstruieren. Deshalb erhält man aus der optimalen Lösung einer Aufgabe immer auch eine optimale für das andere Problem, weshalb der Übergang vom Lösen der Aufgabe (2.5) zum Lösen der Aufgabe (2.7) gerechtfertigt ist. Die Schwierigkeiten beim Lösen von nichtmarkowschen Aufgaben werden durch diese Transformation nicht abgebaut. In der formalen Beschreibung von Lösungszugängen können wir uns jedoch allein auf markowsche Aufgaben konzentrieren.

Es kann gezeigt werden, daß die Aufgabe (2.5) und (2.7) äquivalent im Sinne des Äquivalenzbegriffs für diskrete Optimierungsaufgaben aus dem nächsten Kapitel sind. Dies zu tun überlassen wir jedoch dem Leser.

2.2.2. Die Formulierung der Aufgabe (M) ist derart allgemein, daß man außer in der Zustandsgleichung weiter keine Anhaltspunkte für einen Lösungszugang hat. Wir geben deshalb einige Spezialfälle an, die in praktischen Aufgabenstellungen oft wiederzufinden sind.

Die Mengen X_t und Y_t mögen n- bzw. l-dimensionale Vektoren beinhalten, d. h., es gelte $X_t \subset \mathbb{R}^n$ und $Y_t \subset \mathbb{R}^l$, $t = 1, 2, \ldots, T$. Wir nennen die Aufgabe *eindimensional*, wenn $n = l = 1$ gilt. Anderenfalls sprechen wir von *mehrdimensionalen* Aufgaben, heben diesen Begriff aber nicht hervor, da wir uns im wesentlichen eben mit diesen Aufgaben beschäftigen wollen.

Eine mehrdimensionale Aufgabe (M) zeichnet sich dadurch aus, daß die Vektoren x_t und y_t durch ihre Komponenten

$$x_t = (x_{1t}, x_{2t}, \ldots, x_{nt}) \text{ und } y_t = (y_{1t}, y_{2t}, \ldots, y_{lt})$$

dargestellt werden. Wir nennen eine solche Aufgabe *separabel*, wenn die Dimensionen der Zustands- und der Steuervariablen gleich sind, d. h. wenn $n = l$ gilt, wenn sich die Bewertungen in der Zielfunktion und die Zustandsgleichungen für alle $j = 1, 2, \ldots, n = l$ trennen lassen, d. h. wenn

$$f_t(y_{t-1}, x_t) = \sum_{j=1}^n f_{jt}(y_{j,t-1}, x_{jt}), \qquad t = 1, 2, \ldots, T,$$

$$f_0(y_T) = \sum_{j=1}^n f_{j0}(y_{jT}),$$

$$P_t(y_{t-1}, x_t) = \big(P_{1t}(y_{1,t-1}, x_{1t}), \ldots, P_{nt}(y_{n,t-1}, x_{nt})\big),$$

für $t = 1, 2, \ldots, T$ gilt, und wenn die Mengen Z_t separabel sind, d. h. wenn

$$Z_t = Z_{1t} \times Z_{2t} \times \cdots \times Z_{nt}, \qquad t = 1, 2, \ldots, T,$$

gilt.

In vielen Aufgaben ist n die Anzahl von zu produzierenden Erzeugnissen. Dann zeichnen sich separable Aufgaben dadurch aus, daß für jedes Produkt eine gesonderte Zustandsgleichung

$$y_{jt} = P_{jt}(y_{j,t-1}, x_{jt}), \qquad j = 1, 2, \ldots, n; \qquad t = 1, 2, \ldots, T,$$

vorliegt. Die eben eingeführte Separabilität führt zu keiner wesentlichen Vereinfachung, wenn bezüglich der Steuerbereiche und Zustandsmengen keine konkreteren Vereinbarungen getroffen werden. Wir bezeichnen eine separable Aufgabe als *horizontal separabel*, wenn die Mengen X_t und Y_t darstellbar sind als

$$X_t = \left\{x_t : x_{jt} \in X_{jt}, \quad j = 1, \ldots, n, \sum_{j=1}^{n} a_{jt}(x_{jt}) \leqq a_t\right\},$$

$$Y_t = \left\{y_t : y_{jt} \in Y_{jt}, \quad j = 1, \ldots, n, \sum_{j=1}^{n} b_{jt}(y_{jt}) \leqq b_t\right\},$$

$t = 1, 2, \ldots, T$. Die Mengen X_{jt} seien wieder endlich. Mit $a_{jt}(\cdot)$ und $b_{jt}(\cdot)$ bezeichnen wir reelle Funktionen und mit a_t und b_t vorgegebene Parameter. In ein Schema gebracht, kann eine horizontal separable Aufgabe so formuliert werden:

$$\begin{aligned}
&\sum_{j=1}^{n} \left(\sum_{t=1}^{T} f_{jt}(y_{j,t-1}, x_{jt}) + f_{j0}(y_{jT}) \right) \to \min, \\
&y_{jt} = P_{jt}(y_{j,t-1}, x_{jt}), \qquad x_{jt} \in X_{jt}, \\
&y_{jt} \in Y_{jt}, \qquad (y_{j,t-1}, x_{jt}) \in Z_{jt}, \\
&j = 1, 2, \ldots, n, \qquad t = 1, 2, \ldots, T, \\
&y_{j0} = y_j^0, \qquad j = 1, 2, \ldots, n, \\
&\sum_{j=1}^{n} a_{jt}(x_{jt}) \leqq a_t, \qquad \sum_{j=1}^{n} b_{jt}(y_{jt}) \leqq b_t, \\
&t = 1, 2, \ldots, T.
\end{aligned} \tag{2.8}$$

Der Begriff der horizontal separablen dynamischen Aufgaben soll auf die besondere Struktur der Nebenbedingungen hinweisen. Die „horizontale" Aufteilung der Parameter a_t und b_t auf $j = 1, 2, \ldots, n$ führt zum Zerfall des Problems in n unabhängige eindimensionale dynamische Aufgaben. Schematisch können wir die Aufgabe (2.8) genauso wie (2.2) in Abb. 2.1 darstellen.

Eine separable Aufgabe nennen wir *vertikal separabel*, wenn die Darstellung

$$X_t = \{x_t : x_{jt} \in X_{jt}(x_{1t}), j = 2, \ldots, n, x_{1t} \in X_{1t}\},$$

$$Y_t = \{y_t : y_{jt} \in Y_{jt}(y_{1t}), j = 2, \ldots, n, y_{1t} \in Y_{1t}\},$$

$t = 1, 2, \ldots, T$, möglich ist. Hier wird angenommen, daß die Mengen X_{1t} und $X_{1t}(x_{1t})$ endlich sind. Die Mengen $X_{jt}(x_{1t})$ und $Y_{jt}(y_{1t})$ hängen parametrisch von den Steuerungen x_{1t} und den Zuständen y_{1t} ab. Damit hat eine vertikal separable Aufgabe die Gestalt

$$\begin{aligned}
&\sum_{t=1}^{T} f_{1t}(y_{1,t-1}, x_{1t}) + f_{10}(y_{1T}) + \sum_{j=2}^{n} \left(\sum_{t=1}^{T} f_{jt}(y_{j,t-1}, x_{jt}) + f_{j0}(y_{jT}) \right) \to \min, \\
&y_{jt} = P_{jt}(y_{j,t-1}, x_{jt}), \ (y_{j,t-1}, x_{jt}) \in Z_{jt},
\end{aligned} \tag{2.9}$$

$$\begin{aligned}
&j = 1, 2, \ldots, n, \qquad t = 1, 2, \ldots, T, \\
&x_{1t} \in X_{1t}, \qquad y_{1t} \in Y_{1t}, \qquad t = 1, 2, \ldots, T, \\
&x_{jt} \in X_{jt}(x_{1t}), \qquad y_{jt} \in Y_{jt}(y_{1t}), \\
&j = 2, 3, \ldots, n, \qquad t = 1, 2, \ldots, T.
\end{aligned} \tag{2.9}$$

Es ist leicht einzusehen, daß mit der Festlegung der Steuerungen und der Zustände $\{x_{1t}, y_{1,t-1}\}_{t=1}^T$ die Aufgabe (2.9) in genau $n - 1$ kleinere eindimensionale Aufgaben für $j = 2, 3, \ldots, n$

$$\begin{aligned}
&\sum_{t=1}^{T} f_{jt}(y_{j,t-1}, x_{jt}) + f_{j0}(y_{jT}) \to \min, \\
&y_{jt} = P_{jt}(y_{j,t-1}, x_{jt}), \qquad x_{jt} \in X_{jt}(x_{1t}), \\
&y_{jt} \in Y_{jt}(y_{1t}), \qquad (y_{j,t-1}, x_{jt}) \in Z_{jt}, \\
&t = 1, 2, \ldots, T, \qquad y_{j0} = y_j^0,
\end{aligned} \tag{2.10}$$

zerfällt. Aus diesem Grund hat die Aufgabe (2.9) die Bezeichnung vertikal separabel. Die Struktur der Nebenbedingungen entspricht grob dem in Abb. 2.2 dargestellten Schema, wobei mit dem Verbundblock die Steuerungen und Zustände $\{x_{1t}, y_{1,t-1}\}_{t=1}^T$ erfaßt werden.

Zuletzt soll noch die folgende Aufgabenklasse vorgestellt werden. In vielen praktischen Situationen gilt $X_t \subset \mathbb{R}_+^n$ und $Y_t \subset \mathbb{R}_+^l$, $t = 1, 2, \ldots, T$, d. h., es treten nur nichtnegative Vektoren auf. Das ist der Fall, wenn sich hinter den Bezeichnungen Mengenangaben verbergen. Bei der Voraussetzung der Nichtnegativität der Lösungen nennen wir eine eindimensionale Aufgabe *leontiewsch*, wenn die Inklusion $(y_{t-1}, x_t) \in Z_t$ mit $y_{t-1}x_t = 0$, $t = 1, 2, \ldots, T$, identisch ist.

Analog bezeichnen wir eine separable Aufgabe als leontiewsch, wenn $y_{j,t-1}x_{jt} = 0$, $j = 1, 2, \ldots, n$, $t = 1, 2, \ldots, T$, gilt.

Der Begriff leontiewsche Aufgaben wird gewählt, da einige der von uns betrachteten leontiewschen dynamischen Aufgaben in die sogenannten leontiewschen *Substitutionsmodelle* [61] übergeführt werden können.

2.2.3. Wir ordnen jetzt die Aufgaben aus dem Abschnitt 2.1. in die beschriebenen Spezialfälle dynamischer Aufgaben ein. Die Aufgabe (2.1) ist eine eindimensionale markowsche dynamische Aufgabe der diskreten Optimierung. Zur Verdeutlichung sei

$$\begin{aligned}
&f_0(0) = 0, \qquad L_0(0) = 0, \\
&f_t(y_{t-1}, x_t) = c_t(x_t) = L_{t-1}(y_{t-1}), \\
&P_t(y_{t-1}, x_t) = x_t + y_{t-1} - B_t, \\
&X_t = [x_t^-, x_t^+], \qquad Y_t = [y_t^-, y_t^+], \qquad t = 1, 2, \ldots, T, \\
&y_0 = 0
\end{aligned}$$

gesetzt. Unter den Voraussetzungen $X_t = [0, +\infty] = Y_t$, $t = 1, 2, \ldots, T$, kann man zeigen, daß alle Extremalpunkte des zulässigen Bereichs der Aufgabe die folgende Struktur besitzen:

$$y_{t-1} x_t = 0, \qquad t = 1, 2, \ldots, T. \tag{2.11}$$

Die Beziehungen (2.11) lassen sich auch so darstellen:

$$x_t \in \left\{B_t, B_t + B_{t+1}, \ldots, \sum_{s=t}^{T} B_s\right\} \text{ bei } y_{t-1} = 0,$$

$$x_t = 0 \quad \text{bei} \quad y_{t-1} > 0, \qquad t = 1, 2, \ldots, T.$$

Damit sind die zu betrachtenden Mengen X_t endlich, und wir haben wegen (2.11) eine markowsche leontiewsche Aufgabe vorliegen. Ausführlicher stellen wir diesen Sachverhalt in den späteren Kapiteln dar.

An dieser Stelle ist die ökonomische Interpretation der Beziehungen (2.11) noch interessant: Die Extremalpunktlösungen der Aufgabe, unter denen gesichert eine optimale Lösung zu finden ist, besitzen die Eigenschaft, daß zum einen so lange nicht produziert wird, bis die Vorräte ihn den vorangegangenen Perioden auf Null gefallen sind und daß zum anderen im Fall der Produktion der Bedarf der aktuellen Periode oder der Bedarf der aufeinanderfolgenden Perioden usw. hergestellt wird. Diese vom Standpunkt des Ökonomen sicherlich anfechtbaren Eigenschaften resultieren aus den Voraussetzungen des Modells. Gilt die implizite Annahme nicht mehr, daß der Bedarf bei Herstellung der entsprechenden Stückzahl als befriedigt angesehen wird, so tritt auch diese Eigenschaft nicht mehr auf. Die etwas ,,unrealistische" Voraussetzung bietet jedoch den Vorteil einer effektiven Lösungsmethode für diese Aufgaben.

Die Aufgabe (2.2) ist eine markowsche horizontal separable dynamische Aufgabe, denn sie läßt sich mit

$$f_{j0}(0) = 0,$$

$$f_{jt}(y_{j,t-1}, x_{jt}) = d_{jt} \operatorname{sign} x_{jt} + L_j y_{j,t-1},$$

$$P_{jt}(y_{j,t-1}, x_{jt}) = x_{jt} + y_{j,t-1} - B_{jt},$$

$$X_{jt} = Y_{jt} = [0, +\infty),$$

$$j = 1, 2, \ldots, n, \qquad t = 1, 2, \ldots, T,$$

$$y_{j0} = 0,$$

in (2.8) einbetten. Die in 2.1.2. erwähnte Diskretisierung der Aufgabe (2.2) führt, wie wir ebenfalls in den weiteren Kapiteln zeigen werden, zu den zusätzlichen Bedingungen

$$x_{jt} \in \left\{B_{jt}, B_{jt} + B_{j,t+1}, \ldots, \sum_{s=t}^{T} B_{js}\right\} \text{ bei } y_{j,t-1} = 0, \tag{2.12}$$

$$x_{jt} = 0 \quad \text{bei} \quad y_{j,t-1} > 0, \qquad j = 1, 2, \ldots, n, \qquad t = 1, 2, \ldots, T.$$

Damit erhalten wir letztlich eine markowsche leontiewsche horizontal separable dynamische Aufgabe der diskreten Optimierung. Die Beziehungen (2.12) erlauben die gleiche Interpretation wie (2.11).

Die Aufgabe mit zweifachen Fixkosten (2.3) läßt sich als markowsche leontiewsche mehrdimensionale dynamische Aufgabe darstellen. Durch geeignete Umformungen kann man die vertikale Separabilität nachweisen. Wie gehen aber hier darauf noch nicht ein.

Auf Grund der langfristigen Realisierungszeiten der Varianten der Kapazitätserweiterung im langfristigen Planungsmodell (2.4) ist der nichtmarkowsche Charakter dieser Aufgabe leicht zu erkennen. Diesem Problem widmen wir uns später.

2.2.4. Jede dynamische Aufgabe läßt sich sofort als statisches Problem aufschreiben, indem man auf die Besonderheiten der Struktur nicht weiter eingeht und beispielsweise die Form

$$\begin{aligned}
&\sum_{t=1}^{T} f_t(y_{t-1}, x_t) + f_0(y_T) \to \min, \\
&P_t(y_{t-1}, x_t) - y_t = 0, \qquad x_t \in X_t, \qquad y_t \in Y_t, \\
&(y_{t-1}, x_t) \in Z_t, \qquad t = 1, 2, \ldots, T, \\
&y_0 = y^0
\end{aligned}$$

wählt. Für nichtmarkowsche Aufgaben gilt das gleiche.

Umgekehrt steht die Frage, inwieweit ein statisches Optimierungsproblem in eine dynamische Form zu bringen ist. Dabei beschränken wir uns auf den Fall einer vorliegenden statischen separablen Optimierungsaufgabe

$$\begin{aligned}
&\sum_{t=1}^{T} c_t(x_t) \to \min, \\
&\sum_{t=1}^{T} g_t(x_t) = b, \qquad x_t \in X_t, \qquad t = 1, 2, \ldots, T.
\end{aligned} \tag{2.13}$$

Dieser Aufgabe entspricht eine äquivalente dynamische Aufgabe. Nach dem Konstruktionsprinzip des nächsten Kapitels führen wir die Abbildung A mit

$$A(\{x_t\}_{t=1}^{T}) = \left\{x_t, \sum_{i=1}^{t-1} g_i(x_i)\right\}_{t=1}^{T}$$

ein, wobei $\sum_{t=1}^{0} g_t(x_t) := 0$ sei. Wie leicht zu sehen ist, erhält man dann die äquivalente Aufgabe

$$\begin{aligned}
&\sum_{t=1}^{T} c_t(x_t) \to \min, \\
&y_t = y_{t-1} + g_t(x_t), \qquad x_t \in X_t, \qquad t = 1, 2, \ldots, T, \\
&y_0 = 0, \qquad y_T = b.
\end{aligned} \tag{2.14}$$

Falls in der Aufgabe (2.13) Ungleichungen in der Form

$$\sum_{t=1}^{T} g_t(x_t) \leqq b$$

auftreten, so führt das in (2.14) zu $y_T \leqq b$ oder $y_0 \leqq 0$, wobei y_0 variabel ist. Gemäß den Eigenschaften äquivalenter Aufgaben liefert nun eine optimale Lösung $\{x_t, y_{t-1}\}_{t=1}^T$ der Aufgabe (2.14) die optimale Lösung $\{x_t\}_{t=1}^T$ für (2.13).

An dieser Stelle unterbrechen wir die Darstellungen und Untersuchungen der dynamischen Aufgaben der diskreten Optimierung, um uns im nächsten Kapitel einen kleinen Überblick über die Lösungsprinzipien zu verschaffen, die unter anderen für die Lösung dynamischer Aufgaben in Frage kommen. Wir lassen uns in der Auswahl der Zugänge im wesentlichen von den Erfahrungen leiten, die wir bei der Lösung praktischer Aufgaben wie der Probleme (2.1) bis (2.4) gesammelt haben. In den weiteren Kapiteln wird die Betrachtung spezieller dynamischer Aufgaben detaillierter fortgesetzt.

3. Ausgewählte Lösungsprinzipien der diskreten Optimierung

In diesem Kapitel beschreiben wir einige Lösungsprinzipien, die bei der Lösung konkreter dynamischer Aufgaben Anwendung finden. Zuerst stellen wir solche Zugänge vor, in denen der Übergang zu einer äquivalenten diskreten Optimierungsaufgabe realisiert wird. Danach erörtern wir Möglichkeiten der Lösung von Aufgaben der diskreten Optimierung durch duale Betrachtungen.

3.1. Äquivalenzrelationen

3.1.1. Zur Darstellung einer diskreten Optimierungsaufgabe in allgemeiner Form verwenden wir weiterhin die Symbolik (f, X) für

$$f(X) = \min \{f(x) : x \in X\}. \tag{3.1}$$

Hier ist der zulässige Bereich X eine endliche Menge, f eine auf X definierte reelle Funktion, $x \in X$ eine beliebige zulässige Lösung aus X, $f(x)$ der Funktionswert von x und $f(X)$ der minimale Wert der Funktion f auf der Menge X. Mit $\arg(f, X)$ bezeichnen wir die *Menge der optimalen Lösungen* der Aufgabe (f, X), d. h., $\arg(f, X)$ ist die Menge aller der Lösungen $\bar{x} \in X$, deren Funktionswert $f(\bar{x})$ von keiner anderen Lösung aus X unterschritten wird bzw. für die gilt $f(\bar{x}) = f(X)$.

Neben der Aufgabe (f, X) spielt oft eine zweite Aufgabe eine gewisse Rolle, die in der Form (h, Z) mit

$$h(Z) = \min \{h(z) : z \in Z\} \tag{3.2}$$

gegeben ist. Von Z wird ebenfalls die Endlichkeit vorausgesetzt. Die Funktion h sei als reelle Funktion auf Z erklärt.

Durch die Einführung sogenannter Punkt-Menge-Abbildungen wird die Darstellung äquivalenter Beziehungen zwischen zwei Aufgaben (f, X) und (h, Z) möglich. Die äquivalenten Beziehungen wiederum erlauben die geordnete Darstellung einiger im weiteren benötigter Lösungsprinzipien. Aus diesem Grunde gehen wir ein wenig auf den hier verwendeten Abbildungsbegriff ein. Zwecks besserer Erläuterung beginnen wir mit einem Beispiel:

Es sei die Menge

$$\begin{aligned} X &= \{(x_1, x_2, x_3) : 2x_1 + 3x_2 + 2x_3 \geqq 4,\ x_1, x_2, x_3 \in \{0; 1\}\} \\ &= \{(1, 1, 0), (1, 0, 1), (0, 1, 1), (1, 1, 1)\} \end{aligned}$$

gegeben. Wir betrachten Teilmengen von X, die durch die konkrete Festlegung des Wertes der ersten Variablen entstehen. Diese Teilmengen seien mit $X(z)$ bei $x_1 = z$ bezeichnet. Dann gilt

$$X(z) = \{(z, x_2, x_3) : 2z + 3x_3 + 2x_3 \geqq 4,\ x_2, x_3 \in \{(0, 1)\}$$

und folglich $X(0) = \{(0, 1, 1)\}$ und

$$X(1) = \{(1, 0, 1), (1, 1, 0), (1, 1, 1)\},$$

d. h., die Menge $X(0)$ besteht aus einem und die Menge $X(1)$ aus drei Elementen. $X(\cdot)$ ist somit eine Vorschrift, durch die den Elementen der Menge $Z = \{0; 1\}$ Teilmengen von X zugeordnet werden. Solche Vorschriften nennt man Punkt-Menge-Abbildungen.

Damit verstehen wir unter einer *Punkt-Menge-Abbildung* oder einfacher *Abbildung* — wir werden im weiteren immer nur von Abbildungen sprechen — eine solche Vorschrift, durch die den Elementen einer Menge nichtleere Teilmengen einer anderen Menge zugeordnet werden. Falls alle zugeordneten Teilmengen einelementig sind, so liegt eine eindeutige Abbildung und damit eine Abbildung im gewöhnlichen Sinne vor. Als Bild einer gegebenen Menge definieren wir die Vereinigung der Teilmengen, die den verschiedenen Elementen zugeordnet sind. So gilt im obigen Beispiel

$$X(\{0; 1\}) = X(0) \cup X(1) = X.$$

3.1.2. Wir geben nun eine Äquivalenzdefinition an und formulieren einige Aussagen über äquivalente Optimierungsaufgaben. Vorher sei auf folgendes verwiesen. Im Symbol (f, X) für eine diskrete Optimierungsaufgabe kann die Menge X einelementig sein. Dann besteht die gesamte Aufgabe bei Kenntnis dieser Lösung nur im Berechnen des entsprechenden Funktionswertes. Die Menge X kann auch parametrisch von anderen Variablen abhängen, etwa in dem Sinne, daß $X = B(z)$ gilt, d. h., die Menge X ändert sich möglicherweise bei einer Veränderung der Parameter z. Dann gibt uns $\{(f, B(z))\}$ eine Schar von diskreten Optimierungsaufgaben, in denen jeweils die Funktion f über der aktuellen Menge $B(z)$ minimiert wird. Den minimalen Funktionswert erhalten wir wie immer durch $f(B(z))$.

Zwei Aufgaben (f, X) und (h, Z) heißen nun (A, B)-*äquivalent*, wenn Abbildungen A und B existieren, für die gilt:

(i) $A(X) \subset Z$ und $B(Z) \subset X$,

(ii) $f(x) \geqq h(A(x))$ für alle $x \in X$ und

(iii) $h(z) \geqq f(B(z))$ für alle $z \in Z$.

Zur ersten Illustration — im weiteren werden wir noch mehrere Paare äquivalenter Aufgaben untersuchen — seien die folgenden zwei Probleme betrachtet:

Die Aufgabe (f, X) sei mit $\min \{x_1 + 2x_2 : (x_1, x_2, x_3) \in X\}$, wobei X die in 3.1.1. angeführte konkrete Menge ist, und die Aufgabe (h, Z) mit $\min \{h(z) : z \in Z = \{0; 1\}\}$ gegeben. Die Funktion h werde durch $h(z) = \min \{x_1 + 2x_2 : (x_1, x_2, x_3) \in X(z)\}$ definiert. Mit den beiden Abbildungen $A\colon (x_1, x_2, x_3) \to \{x_1\}$ und $B\colon z \to X(z)$ erhalten wir

(i) $A(X) = Z$ und $B(Z) = X$,

(ii) $x_1 + 2x_2 \geqq h(x_1)$ für alle $(x_1, x_2, x_3) \in X$ und

(iii) $h(z) = \min \{x_1 + 2x_2 : (x_1, x_2, x_3) \in B(z)\}$ für alle $z \in Z$,

d. h., die beiden Probleme sind (A, B)-äquivalent.

Es kann leicht überprüft werden, daß $h(0) = 2$ und $h(1) = 1$ gilt, d. h., die Lösung $z = 1$ ist optimal für (h, Z). Dann erhält man offensichtlich aus dem Problem $(f, B(1))$ in der Form

$$\min \{x_1 + 2x_2 : 2 + 3x_2 + 2x_3 \geqq 4,\ x_1 = 1,\ x_2, x_3 \in \{0; 1\}\}$$

die optimale Lösung $x = (1, 0, 1)$, die auch optimal für das Problem (f, X) ist.

Die letzte Aussage, daß man aus der optimalen Lösung der Aufgabe (h, Z) eine optimale Lösung für (f, X) durch das Lösen der entsprechenden Aufgabe $(f, B(z))$ erhält, bestätigt sich im

Satz 3.1. *Die Aufgaben (f, X) und (h, Z) seien (A, B)-äquivalent. Dann gilt:*

(i) *Beide Aufgaben sind gleichzeitig lösbar, d. h.,*

$$\arg (f, X) \neq \emptyset \leftrightarrow \arg (h, Z) \neq \emptyset .$$

(ii) *Die minimalen Funktionswerte stimmen überein, d. h.*

$$f(X) = h(Z). \tag{3.3}$$

(iii) *Liegt eine optimale Lösung z der Aufgabe (h, Z) vor, so sind alle optimalen Lösungen der Aufgabe $(f, B(z))$ optimal für die Aufgabe (f, X), d. h.*

$$z \in \arg (h, Z) \to \arg (f, B(z)) \subset \arg (f, X). \tag{3.4}$$

(iv) *In der gleichen Weise lassen sich aus den optimalen Lösungen der Aufgabe (f, X) optimale Lösungen für (h, Z) ableiten, d. h.*

$$x \in \arg (f, X) \to \arg (h, A(x)) \subset \arg (h, Z). \tag{3.5}$$

Beweis. Es war vorausgesetzt, daß von uns betrachtete Abbildungen einem Element $x \in X$ eine nichtleere Teilmenge $A(x)$ aus Z zuordnen. Damit ist Z nichtleer, wenn X nichtleer ist. Wegen der Endlichkeit der Mengen folgt aus der Lösbarkeit der einen Aufgabe immer die Lösbarkeit der anderen.

(ii) Aus der ersten Ungleichung der Äquivalenzdefinition und der Inklusion $A(x) \subset Z$ für alle $x \in X$ ergibt sich $f(x) \geqq h(A(x)) \geqq h(Z)$ für alle $x \in X$ und somit die Ungleichung $f(X) \geqq h(Z)$. Mit analogen Überlegungen kommt man zur Beziehung $h(Z) \geqq f(X)$. Damit gilt die Gleichung (3.3).

(iii) Es sei z eine optimale Lösung der Aufgabe (h, Z), d. h., es gilt $h(z) = h(Z)$. Die Gleichung (3.3) und die zweite Ungleichung der Definition aus 3.1.2. führen zu

$$h(Z) = h(z) = f(B(z)) = f(X).$$

Daraus folgt, daß jede optimale Lösung der Aufgabe $(f, B(z))$ optimal für die Aufgabe (f, X) ist. Der Fall (iv) wird analog bewiesen. ■

Die wesentliche Aussage des Satzes besteht darin, daß man bei äquivalenten Aufgaben aus den optimalen Lösungen der zweiten Aufgabe (h, Z) durch das Lösen von *Hilfsaufgaben* $(f, B(z))$ zu optimalen Lösungen der ersten Aufgabe (f, X) kommt. Wenn B eine eindeutige Abbildung ist, so erhält man mit $B(z)$ gleich eine optimale Lösung von (f, X). Anders ausgedrückt, man geht vom Prinzip der *direkten* Lösung der Aufgabe (f, X) zu einem *zweistufigen Lösungsprinzip* über, in dem in einer Stufe die äquivalente Aufgabe und in der anderen Stufe die Hilfsaufgaben gelöst werden. Diese Vorgehensweise ist für das Lösen vieler dynamischer Aufgaben der diskreten Optimierung charakteristisch. Schließlich sei vermerkt, daß die eingeführte binäre Relation eine Äquivalenzreaktion auf Mengen von Optimierungsaufgaben ist. Aus der Transitivität folgt dann, daß die (A, B)-Äquivalenz zweier Aufgaben (f, X) und (h, Z) und die (C, D)-Äquivalenz der Aufgaben (h, Z) und (r, H) zur (CA, DB)-Äquivalenz der Aufgaben (f, X) und (r, H) führt.

3.1.3. Wir stellen nun Beziehungen zwischen der (A, B)-Äquivalenz und der polynomialen Äquivalenz aus 1.1.3. her. Wenn die Probleme (f, X) und (h, Z) (A, B)-äquivalent und die Teilaufgaben $(f, B(z))$ und $(h, A(x))$ polynomial lösbar sind, so sind beide Probleme aufeinander reduzierbar und folglich auch polynomial äquivalent. Bei einer bewußten Konstruktion von äquivalenten Aufgaben kommt es deshalb auf eine solche Wahl der Abbildungen an, die zu polynomial lösbaren Hilfsaufgaben führt. Dadurch bleibt die äquivalente Aufgabe in der gleichen Kompliziertheitsklasse wie das Ausgangsproblem. Die Konstruktion solcher äquivalenter Probleme ist jedoch nicht immer möglich und auch zweckmäßig.

3.2. Konstruktion äquivalenter Aufgaben

3.2.1. Wenn eine diskrete Optimierungsaufgabe (f, X) gegeben ist und angestrebt wird, ein zweistufiges Lösungsprinzip einzusetzen, so ist die entsprechende äquivalente Aufgabe (h, Z) zu finden. Deshalb formulieren wir jetzt ein Konstruktionsprinzip, das äquivalente Aufgaben erzeugt.

Vorerst benötigen wir noch den Begriff der *inversen Abbildungen* in dem folgenden Sinne. Es sei auf der Menge X eine Abbildung A mit $x \to A(x) \subset Z$ gegeben. Eine Abbildung

A^{-1} mit $z \in A(X) \to A^{-1}(z) \subset X$ heißt *inverse Abbildung* zu A, wenn für alle $z \in A(X)$ gilt

$$A^{-1}(z) = \{x \in X : z \in A(x)\}. \tag{3.6}$$

Bei eindeutigen Abbildungen ist $A^{-1}(z) = \{x \in X : z = A(x)\}$. Für alle $x \in X$ mit $A(x) \neq \emptyset$ gilt

$$x \in A^{-1}\big(A(x)\big) \tag{3.7}$$

und im Fall der Eineindeutigkeit $\{x\} = A^{-1}\big(A(x)\big)$. Im Beispiel 3.1.2 liegt mit B eine zu A inverse Abbildung vor, denn dort ist $B(z) = \big\{(x_1, x_2, x_3) \in X : \{z\} = A(x_1, x_2, x_3) = \{x_1\}\big\}$.

3.2.2. Wir gehen von einer vorgelegten diskreten Optimierungsaufgabe (f, X) aus und stellen uns das Ziel, dazu eine äquivalente Aufgabe zu konstruieren. Das ist möglich mit folgendem Konstruktionsprinzip:

1. Es sei die Aufgabe (f, X) gegeben.

2. Gewählt werden eine Abbildung A und deren inverse Abbildung nach (3.6), so daß $A(X)$ endlich ist.

3. Auf der Menge $Z = A(X)$ wird eine Funktion h mit
$$h(z) = f\big(A^{-1}(z)\big) = \min\,\{f(x) : x \in A^{-1}(z)\} \tag{3.8}$$
für alle $z \in Z$ definiert.

4. Aus der endlichen Menge Z und der reellen Funktion h entsteht die Aufgabe (h, Z) der Form (3.2).

Wir zeigen, daß die neuentstandene Aufgabe wirklich äquivalent zur Ausgangsaufgabe ist.

Satz 3.2. *Die Aufgaben (f, X) und (h, Z), wobei die letztere gemäß dem Konstruktionsprinzip erstellt wurde, sind (A, A^{-1})-äquivalent.*

Beweis. Die Forderungen der Äquivalenzdefinition aus 3.1.2. müssen überprüft werden: Die Inklusionen (i) gelten offensichtlich. Die Ungleichung (iii) ist per Definition (3.8) als Gleichung erfüllt. Wegen

$$h\big(A(x)\big) = f\Big(A^{-1}\big(A(x)\big)\Big) = \min\,\Big\{f(y) : y \in A^{-1}\big(A(x)\big)\Big\}$$

und der Beziehung (3.7) gilt auch die Ungleichung (ii). ■

Diese Aussage ist bedeutsam in zweierlei Hinsicht. Einmal gelten damit die Beziehungen zwischen den optimalen Lösungen der beiden Aufgaben, wie wir sie im Satz 3.1 formuliert haben. Zum anderen eröffnet sich die Möglichkeit der konstruktiven Vorgabe einer äquivalenten Aufgabe allein durch die Definition einer entsprechenden Abbildung A. Das Konstruktionsprinzip liefert sozusagen einen *Automatismus* zur Schaffung äquivalenter Aufgaben, der nur bei jeder konkreten Aufgabe durch die geeignete Wahl der Abbildung mit Inhalt versehen werden muß.

Wie wir schon im vorhergehenden Abschnitt erwähnten, ist damit die Entwicklung eines Lösungsprozesses in zwei Stufen denkbar. Die Hilfsaufgaben $\big(f, A^{-1}(z)\big)$ spielen hier die Rolle von Informationsträgern für die äquivalente Aufgabe, da deren minimale Funktionswerte die Zielfunktion h definieren.

Wann sind die Ausgangsaufgabe und die mit dem Konstruktionsprinzip erzeugte Aufgabe polynomial äquivalent? Aus der polynomialen Lösbarkeit der Teilaufgaben (3.8) folgt, daß sich (f, X) auf (h, Z) reduziert. Ist dagegen das Problem der Wahl eines zulässigen Elements $z \in A(x)$ polynomial lösbar, so reduziert sich (h, Z) auf (f, X), denn jedes $\bar{z} \in A(\bar{x})$ ist optimal für (h, Z), wenn $\bar{x} \in \arg(f, X)$. Damit stellen wir fest, daß aus der Erfüllung der beiden genannten Voraussetzungen die polynomiale Äquivalenz der Aufgaben (f, X) und (h, Z) folgt.

3.2.3. Wir betrachten nun einige *Realisierungen* des Konstruktionsprinzips.

Zuerst sei die folgende Aufgabe (f, X) mit

$$\begin{aligned} &f_1(x_1) + f_2(x_1, x_2) \to \min, \\ &x_2 \in X_2(x_1), \qquad x_1 \in X_1, \end{aligned} \tag{3.9}$$

vorgelegt, wobei wieder sämtliche Mengen endlich und alle Funktionen reell und entsprechend definiert seien. Die Aufgabe ist als *zweistufiges Entscheidungsproblem* interpretierbar. x_1 und x_2 sind Steuerungen der ersten und zweiten Stufe, die Mengen sind die Steuerbereiche, wobei der Steuerbereich der zweiten Steuerung natürlicherweise von der ersten Steuerung abhängt. Diese Aufgabe kann auch als ein sehr grobes Modell für die markowschen dynamischen Aufgaben angesehen werden.

Wir konkretisieren jetzt die einzelnen Etappen des Konstruktionsprinzips:

1. Die Aufgabe (3.9) sei gegeben.

2. Gewählt wird die Abbildung A mit

$$A(x_1, x_2) = \{x_1\} \text{ für alle zulässigen } x = (x_1, x_2).$$

Die inverse Abbildung A^{-1} ergibt sich gemäß (3.6) als

$$A^{-1}(z) = \{(z, x_2) : x_2 \in X_2(z)\}$$

für alle $z \in A(X) = Z = \{z : z \in X_1, X_2(z) \neq \emptyset\}$.

3. Die Funktion h nimmt die Gestalt

$$h(z) = \min \{f_2(z, x_2) : x_2 \in X_2(z)\} + f_1(z)\} \tag{3.10}$$

für alle $z \in Z$ an.

4. Die Aufgabe (h, Z) mit

$$h(Z) = \min \left\{f_1(z) + f_2\big(X_2(z)\big) : z \in X_1, X_2(z) \neq \emptyset\right\} \tag{3.11}$$

ist nach Satz 3.2 äquivalent zur Aufgabe (3.9), wobei

$$f_2\big(X_2(z)\big) = h(z) - f_1(z) \text{ ist.}$$

In Auswertung des Satzes 3.1 gilt:

(i) $$f(X) = \min \left\{f_1(z) + f_2\big(X_2(z)\big) : z \in X_1\right\}, \tag{3.12}$$

wenn $f_2\big(X_2(z)\big) = +\infty$ bei $X_2(z) = \emptyset$ gesetzt wird.

Diese Gleichung ist eine typische Rekursionsgleichung der *diskreten dynamischen Optimierung*, in der die Minimierung stufenweise erst über $X_2(z)$ und dann über X_1 durchgeführt wird. Die Anwendung der Beziehung (3.12) führt zur Realisierung der Methode der dynamischen Optimierung.

(ii) Wenn z und $x_2(z)$ optimale Lösungen der Probleme (3.11) und (3.10) sind, so ist $(z, x_2(z))$ optimal für die Ausgangsaufgabe (3.9).

In den nachfolgenden Kapiteln zeigen wir, wie dieser Zugang konkrete Anwendung bei der Lösung dynamischer Aufgaben findet.

3.2.4. Wir erörtern jetzt eine weitere Möglichkeit der Konstruktion einer äquivalenten Aufgabe. Wir gehen dabei von einer Aufgabe aus, deren Lösungen Elemente des $\mathbb{R}^n$ sind und somit die Darstellung $x = (x_1, x_2, \ldots, x_n)$ erlauben.

1. Es sei die Aufgabe (f, X) gegeben. Weiter liege ein Element $x^0 \in \mathbb{R}^n$ fest. Die Menge X sei Teilmenge des $\mathbb{R}^n$. Für eine ebenfalls vorgegebene nichtleere Indexmenge $J \subset \{1, 2, \ldots, n\}$ gelte, daß eine beliebige zulässige Lösung $x \in X$ eine solche Komponente x_j mit $j \in J$ besitzt, für die $x_j = x_j^0$ erfüllt ist.

2. Gewählt wird die Abbildung A mit

$$A(x) = \{(j_1, j_2, \ldots, j_{n(x)}) : x_{j_r} = x_{j_r}^0, \quad r = 1, 2, \ldots, n(x),$$
$$j_r \in J, \quad x_j \neq x_j^0, \quad j \neq j_r, \quad j \in J, \quad j_1 < j_2 < \cdots < j_{n(x)}\}.$$

Mit dieser Abbildung ordnen wir jeder zulässigen Lösung einen $n(x)$-dimensionalen Vektor mit den Indizes der Komponenten zu, in denen $x_j = x_j^0$, $j \in J$, gilt. Die inverse Abbildung A^{-1} sieht entsprechend so aus:

$$A^{-1}(z) = \{x \in X : x_j = x_j^0, \qquad j \in z, \qquad x_j \neq x_j^0, \qquad j \in J \setminus \{z\}\}$$

für alle $z \in Z = A(X)$. Die Menge Z setzt sich aus Elementen zusammen, die aus der Potenzmenge 2^J gewonnen werden können.

3. Die Menge Z ist offensichtlich endlich. Die Funktion h definieren wir wie gewöhnlich als $h(z) = f(A^{-1}(z))$, $z \in Z$, und schreiben sie nicht detaillierter auf. Das erweist sich bei einer weiteren Konkretisierung als zweckmäßiger.

4. Aus Z und h bilden wir die äquivalente Aufgabe (h, Z).

In den beschriebenen Zugang läßt sich prinzipiell die Lösungsmethode der linearen Optimierung auf der Grundlage von *Basislösungen* einordnen. Jeder Basislösung wird die entsprechende Menge von *Nichtbasisindizes* zugewiesen. Die äquivalente Aufgabe bestände darin, eine solche Menge von Nichtbasisindizes auszuwählen, deren beste zugehörige Basislösung optimal für die lineare Optimierungsaufgabe ist.

Die Aussagen des Satzes 3.1 haben auch für das hier betrachtete Aufgabenpaar Gültigkeit.

3.2.5. Als letzte Konkretisierung sei eine Aufgabe der *separablen* Optimierung angeführt.

1. Gegeben sei die Aufgabe (f, X) mit

$$\begin{aligned} &\sum_{i=1}^{k} f_i(x_i) \to \min, \\ &\sum_{i=1}^{k} g_i(x_i) \leqq b, \\ &x_i \in X_i, \qquad i = 1, 2, \ldots, k, \end{aligned} \tag{3.13}$$

wobei die Mengen X_i endlich sind und $g_i(x_i)$, $b \in \mathbb{R}^m$ gilt.

2. Es wird die Abbildung A mit

$$A(x_1, \ldots, x_k) = \left\{(z_1, \ldots, z_k) : z_i \in Z_i,\ z_i \geqq g_i(x_i),\ i = 1, \ldots, k, \sum_{i=1}^{k} z_i \leqq b\right\}$$

gewählt. Die Mengen Z_i werden so festgelegt:

$$Z_i = \{z_i \in \mathbb{R}^m : z_i = g_i(x_i),\ x_i \in X_i\}, \qquad i = 1, 2, \ldots, k.$$

Da diese Mengen endlich sind, gilt das auch für die Bilder $A(x_1, \ldots, x_k)$.

3. Die Menge Z nimmt die Gestalt

$$Z = \left\{(z_1, \ldots, z_k) : z_i \in Z_i,\ X_i(z_i) \neq \emptyset,\ i = 1, \ldots, k, \sum_{i=1}^{k} z_i \leqq b\right\}$$

an, wobei $X_i(z_i) = \{x_i \in X_i : z_i \geqq g_i(x_i),\ i = 1, 2, \ldots, k\}$.
Die Funktion h zerfällt in eine Summe von Funktionen h_i, d. h.

$$\begin{aligned} h(z_1, z_2, \ldots, z_k) &= \sum_{i=1}^{k} h_i(z_i), \\ h_i(z_i) &= \min \{f_i(x_i) : x_i \in X_i(z_i)\}, \qquad i = 1, 2, \ldots, k. \end{aligned} \tag{3.14}$$

4. Wir erhalten die äquivalente Aufgabe

$$\begin{aligned} &\sum_{i=1}^{k} h_i(z_i) \to \min, \\ &\sum_{i=1}^{k} z_i \leqq b, \quad X_i(z_i) \neq \emptyset, \quad z_i \in Z_i, \quad i = 1, 2, \ldots, k. \end{aligned} \tag{3.15}$$

Diese neue Aufgabe besitzt eine Zielfunktion, die explizit nicht bekannt ist. Um für eine vorgegebene Lösung $(z_1, \ldots, z_k)$ den Funktionswert bestimmen zu können, müssen k kleinere Aufgaben (3.14) gelöst werden. Damit ist ein Lösungsprozeß denkbar, in dem anstelle der Aufgabe (3.13) das Problem (3.15) zu lösen ist. Gewöhnlich wird in diesem Prozeß eine Iterationsfolge von zulässigen Lösungen erzeugt. Um einzuschätzen, ob schon eine optimale Lösung vorliegt, benötigt man den Funktionswert dieser Lösung. Aus diesem Grund ist in jeder Iteration eine Reihe kleinerer Aufgaben zu lösen. Der skizzierte Prozeß ist ein typischer dezentraler Lösungsprozeß und modelliert das Verhalten einer Dekompositionsmethode.

Der Begriff *Dekompositon* bzw. *Dekompositionsmethode*, wenn von der Lösung die Rede ist, erscheint angebracht, da durch das Konstruktionsprinzip eine *Zerlegung* der Ausgangsaufgabe vorgenommen wird. Die Dekomposition der Aufgabe, wie sie hier realisiert wird, verdient die spezielle Bezeichnung *Ressourcenaufspaltung*. Wir interpretieren den Vektor b in der Aufgabe (3.13) als Vektor beschränkter Ressourcen und $g_i(x_i)$ als Aufwandsvektor des i-ten Teilsystems. Dann ist in der Aufgabe (3.15) eine solche Aufteilung der vorgegebenen Ressourcen auf die Teilsysteme gesucht, daß die von den Teilsystemen gewählten optimalen Lösungen zusammen eine optimale Lösung der Aufgabe (3.13) ergeben. Nach Satz 3.1, Aussage (3.4), ist gesichert, daß eine optimale Ressourcenaufspaltung $(z_1, z_2, \ldots, z_k)$ über die optimalen Lösungen der Teilsysteme aus den Aufgaben

(3.14), bezeichnet mit $x_i(z_i)$, zu einer optimalen Lösung der Aufgabe (3.13) in der Form

$$x(z) = \big(x_1(z_1), x_2(z_2), \ldots, x_k(z_k)\big)$$

führt. Die Erfahrungen der Arbeit mit einem solchen Zugang zur Lösung separabler Aufgaben lehren, daß dessen Anwendung sinnvoll ist, wenn die Teilaufgaben (3.14) effektiv gelöst werden können und der Schwierigkeitsgrad der Aufgabe (3.15) in Grenzen bleibt. Nähere Ausführungen zur Realisierung dieser Vorgehensweise folgen in den nächsten Abschnitten.

3.3. Einige kombinatorische Lösungsprinzipien

3.3.1. Wir beschreiben in diesem Abschnitt drei Zugänge zur Lösung dynamischer Aufgaben der diskreten Optimierung: die Methode der *diskreten dynamischen Optimierung*, die Methode der *impliziten Enumeration* und die Methode des *kürzesten Weges*. Alle drei Methoden beruhen auf dem Übergang zu einer neuen, geeignet gewählten äquivalenten Aufgabe und realisieren die in 3.2.3. und 3.2.4. dargelegten Konkretisierungen des Konstruktionsprinzips.

Wir beginnen mit der Darlegung der Methode der diskreten dynamischen Optimierung für markowsche dynamische Aufgaben und schreiben an dieser Stelle die im Kapitel 2 formulierte Aufgabe noch einmal auf:

$$\begin{aligned}
&\sum_{t=1}^{T} f_t(y_{t-1}, x_t) + f_0(y_T) \to \min, \\
&y_t = P_t(y_{t-1}, x_t), \quad x_t \in X_t, \quad y_t \in Y_t, \\
&(y_{t-1}, x_t) \in Z_t, \quad t = 1, 2, \ldots, T, \quad y_0 = y^0.
\end{aligned} \tag{M}$$

Neben (M) betrachten wir eine Aufgabe vom gleichen Typ, in der ein beliebiger Anfangszustand y und eine beliebiger Anfangszeitpunkt t gewählt werden.

$$\begin{aligned}
&\sum_{i=t}^{T} f_i(y_{i-1}, x_i) + f_0(y_T) \to \min, \\
&y_i = P_i(y_{i-1}, x_i), \quad x_i \in X_i, \quad y_i \in Y_i, \\
&(y_{i-1}, x_i) \in Z_i, \quad i = t, t+1, \ldots, T, \\
&y_{t-1} = y.
\end{aligned} \tag{3.16}$$

Bei $t = 1$ und $y = y^0$ stimmt diese Aufgabe mit der Aufgabe (M) überein. Den minimalen Funktionswert der Zielfunktion der Aufgabe (3.16) bezeichnen wir mit $F_t(y)$. In dieser Symbolik ist das Minimum in der Aufgabe (M) gleich $F_1(y^0)$.

Nun vermerken wir folgendes: Eine beliebige Aufgabe (3.16) mit $1 \leqq t \leqq T$ kann als ein zweistufiges Entscheidungsproblem (3.9) aus 3.2.3. dargestellt werden. Zu diesem Zweck sehen wir die Steuerung x_t der ersten Stufe t als x_1 in (3.9) und die Steuerungen der nachfolgenden Stufen $t + 1, \ldots, T$ als x_2 an. Die Menge $X_2(x_1)$ der Aufgabe (3.9) ist die Menge aller zulässigen Steuerungen $x_{t+1}, \ldots, x_T$, die bei der festen Steuerung x_1 entsteht.

Diese Einbettung der Aufgaben (3.16) in (3.9) ermöglicht die Konstruktion einer äquivalenten Aufgabe (3.11). Konkret ergibt die Gleichung (3.12) aus 3.2.3. für unsere Aufgaben die Beziehung:

$$\begin{aligned} F_t(y) = \min \big\{ & f_t(y, x_t) + F_{t+1}\big(P_t(y, x_t)\big) : x_t \in X_t, \\ & (y, x_t) \in Z_t, P_t(y, x_t) \in Y_t \big\}. \end{aligned} \tag{3.17}$$

Dabei setzen wir voraus, daß im Fall der Unlösbarkeit einer Aufgabe $F_t(y) := +\infty$ ist. Der Ausdruck

$$F_{t+1}\big(P_t(y, x_t)\big)$$

entspricht $f_2\big(X_2(z)\big)$ in der Beziehung (3.12) und zwar der Gesamtbewertung der Steuerungen der restlichen Stufen in Abhängigkeit von der Steuerung zu Beginn des Prozesses.

Aus 3.2.3. folgt, daß wir bei gegebenen optimalen Lösungen $x_t(y)$ und $\big(x_{t+1}(y_t), \ldots, x_T(y_t)\big)$ für den Prozeß über die Stufen $t + 1, \ldots, T$ mit dem Anfangszustand

$$y_t = P_t\big(y, x_t(y)\big)$$

eine optimale Steuerung

$$\big(x_t(y), x_{t+1}(y_t), \ldots, x_T(y_t)\big)$$

für den Prozeß über die Stufen $t, t + 1, \ldots, T$ erhalten. Die entsprechenden Zustände werden aus den Steuerungen eindeutig bestimmt.

Das Wesen der bisherigen Darlegungen kann so formuliert werden: Wenn wir im Besitz von Informationen über die optimalen Steuerungen und den Minimalwert der Zielfunktionen für Prozesse über die Stufen $t, t + 1, \ldots, T$ sind, dann ist es relativ einfach, zu den gleichen Informationen für Prozesse mit einer zusätzlichen Stufe $t - 1$ zu kommen. Zu diesem Zwecke ist nur die Aufgabe (3.17) für $t - 1$ zu lösen.

Darauf aufbauend läßt sich leicht ein prinzipielles Lösungsschema für die Aufgabe (M) angeben, in dem sukzessiv, beginnend in der letzten Stufe, die Funktionen $F_t(y)$ und die Lösungen $x_t(y)$, $t = T, T - 1, \ldots, 1$, berechnet werden, so daß am Ende mit $F_1(y^0)$ der minimale Funktionswert der Aufgabe vorliegt. Die gespeicherten Steuerungen $x_t(y)$ erlauben dann die einfache Bestimmung optimaler Steuerungen und Zustände in der Richtung $t = 1, 2, \ldots, T$.

Für die einwandfreie Beschreibung der Lösungsmethode ist erforderlich, daß Mengen $\mathring{Y}_t$ angegeben werden, die endlich sind und für die gilt

$$\begin{aligned} & \{y_t \in Y_t : y_t = P_t(y_{t-1}, x_t), x_t \in X_t, (y_{t-1}, x_t) \in Z_t, y_{t-1} \in \mathring{Y}_{t-1}\} \subset \mathring{Y}_t, \\ & \qquad t = 1, 2, \ldots, T, \quad \mathring{Y}_0 = \{y^0\}. \end{aligned}$$

Diese Mengen $\mathring{Y}_t$ erfassen die möglichen Zustände, in denen sich der Prozeß befinden kann.

Der unten formulierte Lösungszugang ist als *Modell* für eine Vielzahl von *Algorithmen* anzusehen, die man erhält, wenn die einzelnen Parameter in der Aufgabe (M) und in der Methode konkretisiert werden. Deshalb sprechen wir von einem *Modell eines Algorithmus.*

Modell des Algorithmus der diskreten dynamischen Optimierung

1. Für alle $y \in \mathring{Y}_T$ wird $F_{T+1}(y) = f_0(y)$ gesetzt.

2. Für alle $y \in \mathring{Y}_{t-1}$ und $t = T, T-1, \ldots, 1$ berechnen wir

$$F_t(y) = \min \{f_t(y, x) + F_{t+1}(P_t(y, x)) : x \in X_t, \\ P_t(y, x) \in Y_t, (y, x) \in Z_t\}. \tag{3.18}$$

Wenn die Aufgabe (3.18) nicht lösbar ist, setzen wir $F_t(y) := +\infty$. Sonst bezeichnen wir eine optimale Lösung mit $x_t(y)$.

3. $F_1(y^0)$ ist der minimale Funktionswert von (M).

4. Wir setzen $x_1 := x_1(y^0)$ und $y_1 := P_1(y^0, x_1)$.

5. Für alle $t = 2, 3, \ldots, T$ setzen wir

$$x_t := x_t(y_{t-1}) \text{ und } y_t := P_t(y_{t-1}, x_t).$$

Bei $F_1(y^0) < +\infty$ ist die Aufgabe (M) lösbar, und wir erhalten mit $\{x_t, y_{t-1}\}_{t=1}^T$ eine optimale Lösung. Die Schritte *4* und *5* liefern eine optimale Lösung, da mit $x_t(y)$ jeweils eine optimale Steuerung für die erste Stufe des Prozesses über $t, t+1, \ldots, T$, ausgehend von dem Zustand y, vorliegt. Damit kommen wir zu einem neuen Zustand $P(y, x_t(y))$, bezüglich dessen die optimale Steuerung der ersten Stufe des Prozesses über $t+1, t+2 \ldots, T$ mit

$$x_{t+1}(P_t(y, x_t(y)))$$

ebenfalls bekannt ist.

Wir illustrieren die Methode an einem einfachen Beispiel. Es liege die Aufgabe

$$\sum_{t=1}^{3} f_t(y_{t-1}, x_t) \to \min,$$
$$y_t = y_{t-1} + x_t - 2,$$
$$x_t \in \{0, 2, 4, 6\}, \qquad y_t \geqq 0, \qquad t = 1, 2, 3,$$
$$y_0 = y_3 = 0,$$

mit $f_t(y_{t-1}, x_t) = x_t + 3 \operatorname{sign} x_t + y_{t-1}$, $t = 1, 2, 3$, vor. Als $\mathring{Y}_t$ verwenden wir $\mathring{Y}_t = \{0, 2, 4\}$, $t = 1, 2, 3$. Wir setzen $F_4(0) = 0$. Die Informationen über den Lösungsprozeß erfassen wir in Tab. 3.1.

Tab. 3.1

y	$F_3(y)$	$x_3(y)$	$F_2(y)$	$x_2(y)$	$F_1(0)$	$x_1(0)$
0	5	2	9	4	14	2; 4
2	2	0	7	0	—	—
4	$+\infty$	—	6	0	—	—

Wir zeigen konkret, wie $F_2(0)$ berechnet wird. Es gilt

$$F_2(0) = \min \{x + 3 \operatorname{sign} x + F_3(x - 2) : x = 0, 2, 4, 6, y = x - 2 \geqq 0\}$$
$$= \min \{+\infty, 10, 9, +\infty\} = 9.$$

Bei $x = 0$ ist $y < 0$ und damit die Lösung nicht zulässig, bei $x = 2$ erhalten wir den Wert 10, bei $x = 4$ den Wert 9 und bei $x = 6$ einen unendlich großen Wert, da $F_3(4) = +\infty$ ist. Damit ergibt sich die optimale Lösung $x_2(0) = 4$. Bei der Berechnung von $F_1(0)$ sind zwei optimale Lösungen vorhanden. Diese werden beide abgespeichert. Der minimale Funktionswert der Aufgabe ist $F_1(0) = 14$.

Die Ermittlung der optimalen Steuerungen und Zustände erfolgt so:

(1) $$x_1 = x_1(0) = 2 \Rightarrow y_1 = 0 + 2 - 2 = 0,$$
$$x_2 = x_2(0) = 4 \Rightarrow y_2 = 0 + 4 - 2 = 2,$$
$$x_3 = x_3(2) = 0 \Rightarrow y_3 = 2 + 0 - 2 = 0.$$

(2) $$x_1 = x_1(0) = 4 \Rightarrow y_1 = 0 + 4 - 2 = 2,$$
$$x_2 = x_2(2) = 0 \Rightarrow y_2 = 2 + 0 - 2 = 0,$$
$$x_3 = x_3(0) = 2 \Rightarrow y_3 = 0 + 2 - 2 = 0.$$

Wir erhalten zwei optimale Lösungen.

Die kurzen Ausführungen zur diskreten dynamischen Optimierung schließen wir mit einigen Bemerkungen zu den Vor- und Nachteilen der Methode.

1. Der wesentliche *Vorteil* der Methode gegenüber der Vorgehensweise der *vollständigen Enumeration*, bei der alle Lösungen auf Zulässigkeit und Funktionswert getestet werden müssen, besteht darin, daß mit den Werten $F_t(y)$ die minimalen Bewertungen des Prozesses über $t, t + 1, \ldots, T$ bei dem Anfangszustand y vorliegen, unabhängig davon, wie dieser Zustand entsteht. Diese Parameter finden bei allen Lösungen Anwendung, deren Zustand am Ende einer $(t - 1)$-ten Periode gleich y ist. Die minimalen Bewertungen sind nicht jedesmal neu zu berechnen wie bei der vollständigen Enumeration.

2. Dieser Vorteil wird durch einige *Nachteile* erkauft. Die Abspeicherung der $F_t(y)$ und $x_t(y)$ übersteigt bei einer gewissen Mächtigkeit der Zustandsmengen Y_t bzw. deren Vertreter $\mathring{Y}_t$ auch die Möglichkeiten moderner EDVA. Weiter erfolgt die Berechnung der Werte $F_t(y)$ sukzessiv für alle $y \in \mathring{Y}_t$ und t, obwohl die Berücksichtigung von Informationen über das Verhalten des Prozesses in den Stufen $1, 2, \ldots, t - 1$ durchaus zu einer Einschränkung der zu betrachtenden Zustände führen könnte.

Bewährt hat sich die Methode der diskreten dynamischen Optimierung bei der Lösung vieler eindimensionaler Aufgaben.

3.3.2. Enumerationsverfahren bestehen im systematischen Durchmustern aller zulässiger Lösungen einer Aufgabe und der Auswahl derjenigen mit dem geringsten Funktionswert. Von *impliziter Enumeration* spricht man, wenn der Grundgedanke der Enumeration beibehalten wird, gleichzeitig jedoch die vollständige Enumeration durch eine teilweise ersetzt und so die Suche einer optimalen Lösung realisiert wird.

Bei der impliziten Enumeration mustert man systematisch die Teilmengen von Lösungen durch und versucht, durch *Abschätzungen* des Funktionswertes der Lösungen einer solchen *Teilmenge* zu erkennen, ob in ihr optimale Lösungen bzw. bessere als schon bekannte zulässige Lösungen enthalten sind. Konkret geht es darum, für Teilmengen X' von zulässigen

Lösungen einer Aufgabe (f, X) *untere Schranken* $p(X')$ zu finden, für die gilt

$$p(X') \leqq f(X') = \min \{f(x) : x \in X'\}.$$

Mit diesen Schranken führt man den *Grundtest* der Verfahren der impliziten Enumeration durch, in dem geprüft wird, ob diese Schranke kleiner als der *Rekord* — der bisher kleinste aktuell berechnete Funktionswert für eine zulässige Lösung — ist.

Formal wird die Ungleichung

$$p(X') < f^* \tag{3.19}$$

getestet, wobei f^* der Rekord ist. Wenn die Ungleichung (3.19) nicht gilt, so enthält die Teilmenge X' keine Lösung, die besser ist als die aktuell vorliegende. Falls die bekannte Lösung optimal ist, so besteht keine Notwendigkeit, in der Menge X' nach einer besseren Lösung zu suchen. Ist sie nicht optimal, so enthält die Menge X' erst recht keine optimale Lösung. Damit ist X' in jedem Fall vom Standpunkt der Enumeration aus gesehen uninteressant. Teilmengen von X' wiederum braucht man nicht zu untersuchen und die Funktionswerte der entsprechenden zulässigen Lösungen nicht zu berechnen. Mit anderen Worten, die Teilmenge X' wird verworfen und nimmt an der weiteren Enumeration nicht teil.

Für die Beschreibung eines Enumerationsverfahrens sind zwei Elemente anzugeben:

1. eine *Enumerationsstrategie*, durch die eine Systematik im Durchmustern der Teilmengen definiert wird und
2. eine *Regel zur Schrankenberechnung*, mit der man jeder Teilmenge $X' \subset X$ eine untere Schranke $p(X')$ zuordnen kann. Dabei reicht es aus, wenn diese Regel auf die Enumerationsstrategie abgestimmt ist, d. h. wenn sie eine Schrankenberechnung für Teilmengen nur in der Reihenfolge zuläßt, in der diese im Verfahren auftreten.

Wir beschreiben nun ein Modell eines Algorithmus der impliziten Enumeration für dynamische Aufgaben der diskreten Optimierung vom Typ (M) bzw. (3.16) bei $t = 1$ und $y = y^0$. Wir wissen, daß nach den Rekursionsbeziehungen der diskreten dynamischen Optimierung gilt

$$\begin{aligned} F_1(y^0) &= \min \big\{f_1(y^0, x) + F_2\big(P_1(y^0, x)\big) : x \in X_1, \\ &\qquad (y^0, x) \in Z_1,\ P_1(y^0, x) \in Y_1\big\} \\ &= f_1\big(y^0, x_1(y^0)\big) + F_2\big(P_1\big(y^0, x_1(y^0)\big)\big). \end{aligned}$$

Wenn die Funktion $F_2(\cdot)$ bekannt wäre, könnten wir leicht die Steuerung für die erste Stufe berechnen. Um $x_1(y^0)$ bestimmen zu können, müssen wir deshalb erst Informationen über diese Funktion beschaffen. Für ein beliebiges $x \in X_1$ geht es darum, den Funktionswert $F_2\big(P_1(y^0, x)\big)$ zu berechnen. Dafür benötigen wird die Funktion $F_3(\cdot)$, die wiederum unbekannt ist. Demzufolge ist erst für ein beliebiges $x \in X_2$ bei $y = P_1(y^0, x_1)$ der Wert $F_3\big(P_2(y_1, x)\big)$ zu erstellen.

Die Überlegungen laufen darauf hinaus, daß für eine t-te Stufe $x_t(y)$ bestimmt werden soll, die Funktion $F_{t+1}(\cdot)$ in den benötigten Werten jedoch unbekannt ist und erst berechnet werden muß. Auf diese Weise haben wir ein implizites Schema der diskreten dynamischen Optimierung skizziert.

Wir beschreiben das nun etwas ausführlicher: Die Elemente der Mengen X_t seien durchnumeriert und in der Darstellung

$$X_t = \{x_t^1, x_t^2, \ldots, x_t^{l(t)}\}, \qquad t = 1, 2, \ldots, T,$$

gegeben. Für die Ermittlung von $F_t(y)$ — bei $t = 1$ ist $y = y^0$ — berechnen wir für alle zulässigen x_t^s die Werte

$$F_t(y, x_t^s) = f_t(y, x_t^s) + F_{t+1}\big(P_t(y, x_t^s)\big),$$

wenn die Funktion $F_{t+1}(\cdot)$ bekannt ist, und suchen den geringsten Wert und die entsprechende Lösung. Falls in einem $y = P_t(y, x_t^s)$ der Funktionswert noch nicht vorliegt, versuchen wir $F_{t+1}(y)$ zu bestimmen, indem $F_{t+1}(y, x_{t+1}^s)$ für alle s ermittelt wird. Diese Vorgehensweise erzeugt am Anfang, wenn noch keiner der gesuchten Funktionswerte vorliegt eine zulässige Lösung $\{x_t, y_{t-1}\}_{t=1}^T$. Erst bei $t = T$ liegt eine bekannte Funktion $F_{T+1}(y_T) = f_0(y_T)$ vor. Nun können wir zur Berechnung von $F_T(y_{T-1})$ übergehen, indem die Werte $F_T(y_{T-1}, x_T^s)$ für alle $s = 1, 2, \ldots, l(T)$ verglichen werden. Ist $F_T(y_{T-1})$ festgelegt, versuchen wir $F_{T-1}(y_{T-2})$ zu berechnen. Dafür müssen alle Werte $F_{T-1}(y_{T-2}, x_{T-1}^s)$ verglichen werden. Das bedeutet, daß auch für andere $y' \neq y_{T-1}$ die Berechnung von $F_T(y')$ notwendig wird, d. h., wir kehren von der $T - 1$-ten zur t-ten Stufe zurück. Danach gehen wir zur Stufe $T - 2$ über und führen die Berechnung analog durch.

Jedesmal, wenn wir in der T-ten Stufe angelangt sind, erhalten wir eine neue zulässige Lösung mit einem Funktionswert, der sowohl größer als auch kleiner als der Rekord schon bekannt sein kann. Das ist jedoch nicht sehr zweckmäßig, wir sollten deshalb, ausgehend von einer Stufe t, nur dann zur Berechnung des Funktionswertes $F_{t+1}(y_t)$ übergehen, wenn nicht

$$\sum_{i=1}^{t} f_i(y_{i-1}, x_t) + F_{t+1}(y_t) \geqq f^*$$

gilt, oder, da man diesen Funktionswert ja noch nicht kennt, wenn nicht

$$\sum_{i=1}^{t} f_i(y_{i-1}, x_i) + p_{t+1}(y_t) \geqq f^* \tag{3.20}$$

gilt, wobei $p_{t+1}(y_t)$ eine untere Schranke des Wertes $F_{t+1}(y_t)$ ist. Falls die Ungleichung (3.20) gilt, finden wir in den Stufen $t + 1, \ldots, T$ keine Steuerungen und Zustände, die zusammen mit den festgelegten Steuerungen und Zuständen der Stufen $1, 2, \ldots, t$ eine bessere Lösung als die schon bekannte mit dem Funktionswert f^* ergeben würden.

In welchem Sinne führen wir hier nun eine Enumeration der Teilmengen der Lösungsmenge von (M) durch? Wenn in dem angegebenem Lösungsprozeß die Variablen für die Stufen $1, 2, \ldots, t$ festgelegt sind und der Test (3.20) erfolgt, so wird damit überprüft, ob in der Menge der zulässigen Lösungen, in der die ersten t Steuerungen und Zustände konkrete Werte annehmen, eine bessere Lösung existieren kann. Zeigt der Test, daß dies nicht sein kann, so wird die gesamte Teilmenge an Lösungen verworfen, indem zu einer anderen Steuerung in der Stufe t übergegangen wird.

Wir formulieren nun das Modell des Algorithmus.

Modell des Algorithmus der impliziten Enumeration

1. Wir setzen $y_0 := y^0, f^* := +\infty, f := 0$ und $t := 1$.

2. Wir setzen den Zähler der Elemente der Mengen X_t mit $r(t) := 1$, d. h. beginnen mit dem ersten Element von X_t.

3. Es bezeichne $x_t := x_t^{r(t)}$.

4. Bei $y_t := P_t(y_{t-1}, x_t) \notin Y_t$ oder $(y_{t-1}, x_t) \notin Z_t$ oder $f + f_t(y_{t-1}, x_t) + p_{t+1}(y_t) \geqq f^*$ gehen wir zu *7*, sonst setzen wir

$$f := f + f_t(y_{t-1}, x_t).$$

5. Bei $t < T$ setzen wir $t := t + 1$ und gehen zu *2*.

6. Wir verkleinern die obere Schranke $f^* := f + f_0(y_T)$ und speichern $\{x_t, y_{t-1}\}_{t=1}^T$ ab. Dann reduzieren wir $f := f - f_T(y_{T-1}, x_T)$.

7. Bei $r(t) < l(t)$ setzen wir $r(t) := r(t) + 1$ und gehen zu *3*.

8. Bei $t > 1$ setzen wir $t := t - 1$, $f := f - f_t(y_{t-1}, x_t)$ und gehen zu *7*, sonst ist der Lösungsprozeß beendet.

Wie zu sehen ist, bauen wir in den Schritten *2* bis *5* eine zulässige Lösung auf und reduzieren sie in den Schritten *6* bis *8*, um zu einer noch besseren zulässigen Lösung zu gelangen. Die zuletzt erhaltene und abgespeicherte Lösung ist eine optimale Lösung der Aufgabe (M).

Vor einer weiteren Erläuterung und Interpretation des Zugangs illustrieren wir dessen Wirkungsweise am Beispiel aus 3.3.1.

$$\sum_{t=1}^{3} (x_t + 3 \operatorname{sign} x_t + y_{t-1}) \to \min,$$

$$y_t = y_{t-1} + x_t - 2,$$

$$x_t \in \{0, 2, 4, 6\}, \qquad y_t \geqq 0, \qquad t = 1, 2, 3,$$

$$y_0 = y_3 = 0.$$

Als untere Schranken verwenden wir $p_t(y) = +\infty$ bei $2(4 - t) < y$ und sonst

$$p_t(y) = 2(4 - t) - y + 3 \operatorname{sign}(2(4 - t) - y) + q(y), \qquad t = 1, 2, 3,$$

mit

$$q(y) = \begin{cases} y & \text{bei} \quad 0 \leqq y \leqq 2, \\ 2y - 2 & \text{bei} \quad 2 \leqq y \leqq 4. \end{cases}$$

Wir beschreiben den Lösungsprozeß in Tab. 3.2.[3]) Die im Beispiel gewählten unteren Schranken sind problemspezifisch. Allgemein widmen wir uns dem Problem der Schrankenfindung im Abschnitt 3.4.

---

[3]) In dieser und in den nachfolgenden Tabellen geben wir iterationsweise den Stand einiger ausgewählter Parameter des Lösungsprozesses an und zeigen, mit welcher Reihenfolge der Schritte die jeweiligen Ergebnisse erzielt werden.

Der Leser sollte dieses einfache Beispiel in der Rechnung nachvollziehen. Dafür sind systematisch die einzelnen Schritte des Algorithmenmodells zu realisieren.

Auf den ersten Blick wirkt Tab. 3.2 neben Tab. 3.1 sehr groß, und man könnte dazu neigen, die Algorithmen der impliziten Enumeration in ihrer Effektivität schlechter als die Algorithmen der dynamischen Optimierung zu beurteilen. Tab. 3.1 enthält jedoch nur Informationen über verschiedene Funktionswerte und zugehörige Lösungen, während in der Tab. 3.2 der gesamte Lösungsprozeß dargestellt ist. Daneben eröffnen die Algorithmen der impliziten Enumeration Möglichkeiten der Lösung solcher Aufgaben, an denen die dynamische Optimierung scheitern kann.

Tab. 3.2

Iteration	t	$r(t)$	x_1	y_1	x_2	y_2	x_3	y_3	f	p_{t+1}	f^*	Schrittfolge
0	1	–	–	–	–	–	–	–	0	–	$+\infty$	$1 \to 2$
1	1	1	0	–	–	–	–	–	0	–	$+\infty$	$2 \to 3 \to 4 \to 7 \to 3$
2	1	2	2	0	–	–	–	–	5	7	$+\infty$	$3 \to 4 \to 5 \to 2$
3	2	1	2	0	0	–2	–	–	5	–	$+\infty$	$2 \to 3 \to 4 \to 7 \to 3$
4	2	2	2	0	2	0	–	–	10	5	$+\infty$	$3 \to 4 \to 5 \to 2$
5	3	1	2	0	2	0	0	–2	10	–	$+\infty$	$2 \to 3 \to 4 \to 7 \to 3$
6	3	2	**2**	**0**	**2**	**0**	**2**	**0**	15	0	$+\infty$	$3 \to 4 \to 5$ ·
7	3	3	2	0	2	0	4	2	10	–	15	$5 \to 6 \to 7 \to 3 \to 4 \to 7 \to 3$
8	3	4	2	0	2	0	6	4	10	–	15	$3 \to 4 \to 7 \to 8 \to 7 \to 3$
9	2	3	2	0	4	2	6	4	12	2	15	$3 \to 4 \to 5 \to 2$
10	3	1	**2**	**0**	**4**	**2**	**0**	**0**	14	0	15	$2 \to 3 \to 4 \to 5$
11	3	2	2	0	4	2	2	2	12	–	14	$5 \to 6 \to 7 \to 3 \to 4 \to 7 \to 3$
12	3	3	2	0	4	2	4	4	12	–	14	$3 \to 4 \to 7 \to 3$
13	3	4	2	0	4	2	6	6	12	–	14	$3 \to 4 \to 7 \to 8$
14	2	4	2	0	6	4	6	6	5	$+\infty$	14	$8 \to 7 \to 3 \to 4 \to 7 \to 8$
15	1	3	4	2	6	4	6	6	0	7	14	$8 \to 7 \to 3 \to 4 \to 7 \to 3$
16	1	4	6	4	6	4	6	6	0	6	14	$3 \to 4 \to 7 \to 8$

In der 6. und 10. Iteration erhalten wir jeweils eine zulässige Lösung, wobei die letztere auch optimal ist. Diese stimmt mit der ersten optimalen Lösung überein, die wir mit der Methode der diskreten dynamischen Optimierung in 3.3.1. ermittelt haben. Bei der Lösung haben wir bewußt alle zusätzlichen Informationen über die Aufgabe außer acht gelassen, die zu einer effektiveren Gestaltung des Lösungsprozesses führen. Mit dem letzten Wert f^* liegt der minimale Funktionswert vor.

Wir erörtern nun einige Möglichkeiten für einen effektiveren Lösungszugang. Wenn die Aufgabe (M) einigen *Monotonieeigenschaften* gerecht wird, etwa in der Form, daß

$$\text{aus} \quad P_t(y, x_t^r) \notin Y_t \quad \text{stets} \quad P_t(y, x_t^s) \notin Y_t,\ s = r, \ldots, l(t) \quad \text{folgt}, \tag{3.21}$$

so kann man an entsprechender Stelle im Schritt *4* des Zugangs sofort zum Schritt *8* übergehen. Im Beispiel gilt diese Monotonieeigenschaft für alle t ab $r = 2$. So stellen wir in der 7. Iteration fest, daß bei $x_3^3 = 4$ gilt $y_3 = 2 \neq 0$. Dann lohnt es sich nicht, noch x_3^4 zu betrachten. Insgesamt können wir damit die Iterationen 8, 12 und 13 einsparen.

Bei größeren Aufgaben ist es aus vielerlei Gründen zweckmäßig, eine solche Lösung zu suchen, von der man weiß, daß sie nur um einen gewissen Betrag oder um eine gewisse Prozentzahl wertmäßig von der optimalen Lösung abweicht. Bei Vorgabe einer Zahl $\varepsilon \geqq 0$ bezeichnen wir eine Lösung x der Aufgabe (f, X) als ε-optimal, wenn

$$|f(x) - f(X)| \leqq \varepsilon\, |f(X)| \tag{3.22}$$

gilt. Der Funktionswert dieser Lösung übersteigt das Minimum um nicht mehr als $100\,\varepsilon$ Prozent. Wir erhalten in diesem Lösungszugang ε-optimale Lösungen, wenn wir im Schritt *6* zusätzlich bei $f(x) \geqq 0$

$$f^* := f^*/(1 + \varepsilon) \tag{3.23}$$

setzen. Sei im Beispiel $\varepsilon = 0, 1$, d. h., wir suchen eine Lösung, die höchstens um 10% vom Minimum abweicht. Dann kann unter Berücksichtigung der Ganzzahligkeit aller Parameter der Rekord f^* nach der Iteration 6 auf den Wert 13 vermindert werden. Das hat zur Folge, daß auch die Iterationen 9 bis 13 entfallen.

Der beschriebene Lösungszugang realisiert *implizit* die diskrete dynamische Optimierung, denn wenn im Schritt *7* $r(t) = l(t)$ gilt, so ist

$$F_t(y_{t-1}) = \sum_{i=t}^{T} f_i(y_{i-1}, x_i) + f_0(y_T)$$

berechnet, wobei mit $\{x_t, y_{t-1}\}_{t=1}^{T}$ die aktuell beste Lösung gemeint ist. Der Zugang vertauscht die Vor- und Nachteile der diskreten dynamischen Optimierung. Er arbeitet mit einem sehr geringen *Speicherbedarf*, hat jedoch die Funktionen F_t nicht explizit zur Verfügung. Ihre Berechnung wird nicht für alle Zustände vorgenommen, sondern nur für „Kandidaten", die zu einer zulässigen bzw. optimalen Lösung führen können.

Die Güte eines Algorithmus von diesem Typ hängt wesentlich von der Qualität der unteren Schranken ab. Dem Problem der Schrankenberechnung widmen wir uns im letzten Abschnitt dieses Kapitels.

3.3.3. Die beiden bisher beschriebenen Lösungsmethoden basieren auf der Realisierung des Konstruktionsprinzips 3.2.3. Nun zeigen wir, zu welchem Ergebnis die in 3.2.4. erörterte Variante des Konstruktionsprinzips führt.

Wir gehen von der Aufgabe (M) in der leicht veränderten Form

$$\begin{aligned}
&\sum_{t=1}^{T} f_t(y_{t-1}, x_t) \to \min, \\
&y_t = P_t(y_{t-1}, x_t),\ x_t \in X_t,\ y_t \in Y_t, \\
&(y_{t-1}, x_t) \in Z_t,\ t = 1, 2, \ldots, T, \\
&y_0 = y_T = y^0,
\end{aligned} \tag{3.24}$$

aus, in der die Zustände am Anfang und am Ende des Prozesses gleich sind und wo deshalb

$f_0(y^0)$ als Konstante entfernt werden kann. Wir wählen die Abbildung A mit

$$A(\{x_t, y_{t-1}\}_{t=1}^T) = \{(t_1, t_2, \ldots, t_n): y_{t_i} = y^0, \qquad y_t \neq y^0, t \neq t_i,$$
$$i = 1, 2, \ldots, n, 0 = t_1 < t_2 < \cdots < t_n = T\}.$$

Durch diese Abbildung wird jeder zulässigen Lösung die geordnete Folge der Indizes gegenübergestellt, in denen die Zustände gleich dem Anfangszustand sind. Der Index n ist hierbei abhängig von der betrachteten Lösung. Der Wert der Zielfunktion der äquivalenten Aufgabe h stellt sich dar als das Minimum in der Aufgabe (3.24) unter den zusätzlichen Bedingungen $y_t = y^0$ bei $t \in z$ und $y_t \neq y^0$ bei $t \notin z$. Die entsprechende Aufgabe zerfällt, und es gilt

$$h(z) = \sum_{i=1}^{n-1} c_{t_i t_{i+1}}$$

mit

$$\begin{aligned} c_{ij} = \min \Bigg\{ & \sum_{t=i+1}^{j} f_t(y_{t-1}, x_t): y_t = P_t(y_{t-1}, x_t), \\ & x_t \in X_t, y_t \in Y_t, (y_{t-1}, x_t) \in Z_t, t = i+1, \ldots, j, y_i = y_j = y^0, \\ & y_t \neq y^0, t = i+1, \ldots, j-1 \Bigg\}, \\ & 0 \leqq i < j \leqq T. \end{aligned} \tag{3.25}$$

Da in den Stufen t_i die Zustände $y_{t_i} = y^0$ fest sind, *zerfällt* das Problem in eine endliche Anzahl kleinerer Aufgaben vom Typ (3.24). Charakteristisch dafür ist, daß außer in der jeweils ersten und letzten Stufe der Zustand y^0 nicht erreicht werden darf.

Wir setzen nun $c_{ij} := +\infty$ im Fall der Unlösbarkeit der entsprechenden Aufgabe (3.25). Dann entsteht die äquivalente Aufgabe

$$\begin{aligned} & \sum_{i=1}^{n-1} c_{t_i t_{i+1}} \to \min, \\ & 0 = t_1 < t_2 < \cdots < t_n = T, \qquad 2 \leqq n \leqq T+1. \end{aligned} \tag{3.26}$$

Hier sind die Indizes t_i und der Parameter n variabel. Falls mit $t^* = (t_1^*, t_2^*, \ldots, t_n^*)$ eine optimale Lösung der Aufgabe vorliegt, erhalten wir mit $z^* = \{z_{t_i^*}\}_{i=1}^{n-1}$ und

$$z_{t_i^*} = \{x_t, y_{t-1}\}_{t=t_i^*+1}^{t_{i+1}^*} \tag{3.27}$$

eine optimale Lösung der Aufgabe (3.24).

Mit der Aufgabe (3.26) haben wir eine Aufgabe der Bestimmung des kürzesten Wegs. Illustrieren wir das am Beispiel aus 3.3.1. und 3.3.2. (vgl. Abb. 3.1).

Zur Festlegung des Parameters c_{02} lösen wir die Aufgabe

$$x_1 + 3 \operatorname{sign} x_1 + y_0 + x_2 + 3 \operatorname{sign} x_2 + y_1 \to \min,$$
$$0 < y_1 = x_1 - 2, \qquad 0 = y_2 = y_1 + x_2 - 2, \qquad x_1, x_2 \in \{0, 2, 4, 6\}.$$

Sie hat die eindeutige Lösung $x_1 = 4$, $x_2 = 0$ mit $c_{02} = 4 + 3 + 2 = 9$.

Die Analyse der Aufgabe (3.26) ergibt zwei kürzeste Wege $t' = (0, 1, 3)$ und $t'' = (0, 2, 3)$. Daraus erhalten wir die zwei schon mit der dynamischen Optimierung in 3.3.1. ermittelten optimalen Lösungen.

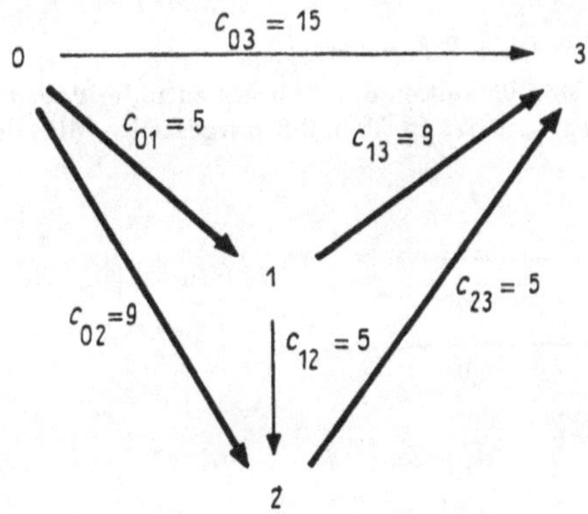

Abb. 3.1

Ein Algorithmus zur Lösung der Aufgabe (3.26) für unsere Zwecke schließt mit ein, daß es gelingt, die Aufgaben (3.25) zur Bestimmung der Parameter c_{ij} effektiv zu lösen. Bei bekannten Parametern löst man die Aufgabe (3.26) mit den *Rekursionsbezeichnungen*

$$F_t = \min \{c_{tj} + F_j : t < j \leqq T\}, \qquad t = T - 1, T - 2, \ldots, 0, \tag{3.28}$$

bei $F_T = 0$. Mit F_0 erhalten wir den minimalen Funktionswert von (3.26) und auf Grund der äquivalenten Beziehungen auch von (3.24).

Wir wollen wie in 3.3.2. voraussetzen, daß untere Schranken $p_{tj} \leqq c_{tj}$ ermittelt werden können. Eine Systematisierung des Lösungsprozesses ergibt dann das folgende

Modell des Algorithmus zur Lösung des äquivalenten Problems des kürzesten Weges

1. Wir setzen $F_T := 0$ und $t := T - 1$.

2. Wir setzen $k := t + 1$ und als *obere Schranke* $f^* := +\infty$.

3. Bei $p_{tk} + F_k \geqq f^*$ gehen wir zu *5*, sonst berechnen wir c_{tk}.

4. Bei $c_{tk} + F_k \geqq f^*$ gehen wir zu *5*, sonst setzen wir $f^* = c_{tk} + F_k$ und $k(t) := k$.

5. Bei $k < T$ setzen wir $k := k + 1$ und gehen zu *3*.

6. Wir setzen $F_t := f^*$. Bei $t \geqq 1$ setzen wir $t := t - 1$ und gehen zu *2*.

7. Bei $F_0 < +\infty$ setzen wir $t_1 := 0$ und $i := 1$. Andernfalls ist der Prozeß beendet. Die Aufgabe ist unlösbar.

8. Wir setzen $t_{i+1} := k(t_i)$.

9. Bei $t_{i+1} = T$ beenden wir den Prozeß, sonst setzen wir $i := i + 1$ und gehen wieder zu *8.*

Mit den Parametern $t_1, t_2, \ldots, t_n$ erhalten wir am Ende eine optimale Lösung der Aufgabe (3.26), die zur Bestimmung einer optimalen Lösung der Aufgabe (3.24) gemäß (3.27) verwendet werden kann.

Wir demonstrieren den Lösungsprozeß der Aufgabe (3.26) am vorliegenden Beispiel. Als untere Schranke verwenden wir

$$p_{ij} = 2(j - i) + 3\,\mathrm{sign}\,(2(j - i)) + 2(j - i - 1)\,.$$

Sie ist hier problemspezifisch gewählt. Möglichkeiten der Schrankenfindung behandeln wir in den nächsten Abschnitten. Der Lösungsprozeß ist in Tab. 3.3 dargestellt. Mit dieser Prozedur wird die Lösung $t' = (0, 1, 3)$ bestimmt.

Tab. 3.3

t	k	p_{tk}	c_{tk}	f^*	$k(t)$	F_t
3	—	—	—	—	—	0
2	3	5	5	5	3	5
1	2	5	5	10	2	—
1	3	9	9	9	3	9
0	1	5	5	14	1	—
0	2	9	9	14	1	—
0	3	13	15	14	1	14

Abschließend folgen einige Bemerkungen zu den Anwendungsmöglichkeiten dieser Methode. Ihr Einsatz steht und fällt mit der Effektivität, mit der die Aufgaben (3.25) gelöst werden können. Der Aufwand zur Lösung der Aufgaben (3.26) ist mit $O(T^2)$ selbst ohne wesentlichen Einfluß. Durch die unteren Schranken p_{tj} kann gegebenenfalls erreicht werden, daß eine Reihe schwer zu lösender Aufgaben (3.25) entfällt. Gute Erfahrungen gibt es bei der Lösung verschiedener eindimensionaler dynamischer Aufgaben, in denen die Hilfsaufgaben trivial gelöst werden können.

Auf die dritte Variante der Konstruktion äquivalenter Aufgaben gehen wir ausführlicher erst bei der Behandlung separabler dynamischer Aufgaben ein.

3.4. Duale Aufgaben der diskreten Optimierung

3.4.1. Duale Aufgaben spielen in der diskreten Optimierung in zweifacher Hinsicht eine wesentliche Rolle. Sie ermöglichen unter gewissen Voraussetzungen die effektive Lösung der Probleme und die Bestimmung relativ guter unterer Schranken. Das gilt auch für dynamische Aufgaben.

In diesem Abschnitt beschreiben wir zuerst schematisch die *Konstruktionsprinzipien* für *duale Aufgaben.* Weiter formulieren wir einige wesentliche Aussagen über die Beziehungen zwischen *primalen*[4]) und *dualen* Aufgaben. Zuletzt gehen wir auf die Probleme der

[4]) Die Ausgangsaufgabe wird bei dualen Betrachtungen auch primale Aufgabe genannt.

Lösung dualer Aufgaben und — damit im Zusammenhang stehend — auf die Wege der *näherungsweisen* Lösung diskreter Optimierungsaufgaben und der *Schrankenberechnung* ein.

Wir analysieren diskrete Optimierungsaufgaben der Form (f, X) in der konkreteren Gestalt

$$f(x) \to \min, \qquad x \in S, g(x) \leqq b, \tag{3.29}$$

wobei $b, g(x) \in \mathbb{R}^m$ gelte, d. h., $g(\cdot)$ ist eine auf S definierte reelle Vektorfunktion.

Erstes Konstruktionsprinzip einer dualen Aufgabe

1. Gegeben sei die Aufgabe (3.29).

2. Formuliert wird die sogenannte Lagrange-Funktion

$$L(x, u) = f(x) + \big(u, g(x) - b\big) \tag{3.30}$$

auf $S \times \mathbb{R}_+^m$, wobei $\mathbb{R}_+^m = \{x \in \mathbb{R}^m : x \geqq 0\}$ und $(\cdot, \cdot)$ das Symbol des Skalarprodukts ist.

3. Definiert wird die Funktion

$$L_1(u) = \min \{L(x, u) : x \in S\} \tag{3.31}$$

für alle u mit $L_1(u) := +\infty$ bei $S = \emptyset$.

4. Damit wird die sogenannte duale Aufgabe

$$L_1(u) \to \max\ (=: L_1),\ u \geqq 0 \tag{3.32}$$

konstruiert.

Zweites Konstruktionsprinzip einer dualen Aufgabe

1. Gegeben sei die Aufgabe (3.29).

3. Definiert wird die Funktion

$$L_2(u) = \min \big\{f(x) : x \in S, \big(u, g(x) - b\big) \leqq 0\big\} \tag{3.33}$$

auf $\mathbb{R}_+^m$ mit $L_2(u) := +\infty$ bei $S = \emptyset$.

4. Damit wird die sogenannte duale Aufgabe

$$L_2(u) \to \max\ (=: L_2),\ u \geqq 0 \tag{3.34}$$

konstruiert.

Gewöhnlich ist eine Optimierungsaufgabe durch eine Zielfunktion und durch ein System von Gleichungen, Ungleichungen und verschiedenen logischen Bedingungen gegeben. Dem Analytiker der Aufgabe obliegt es, die Gruppierung der Nebenbedingungen so vorzunehmen, daß die Menge S und die Funktion g zweckmäßig gewählt werden. Ziel ist, daß die Menge S eine einfache Struktur aufweist und die Zahl m relativ klein bleibt.

Wir formulieren nun einige Zusammenhänge zwischen der primalen Aufgabe (3.29) mit dem minimalen Funktionswert $f(X)$ bei $X = \{x \in S : g(x) \leqq b\}$ und den dualen Aufgaben (3.32) und (3.34)

Satz 3.3. *Es gilt $L_1 \leqq L_2 \leqq f(X)$, d. h., die maximalen Werte in den dualen Aufgaben liefern untere Schranken für den minimalen Funktionswert der Aufgabe* (3.29).

Beweis. Für eine beliebige Lösung $\bar{x} \in X$ gilt $g(\bar{x}) \leqq b$ und deshalb

$$\bar{x} \in X_2(u) := \{x \in S : (u, g(x) - b) \leqq 0\}$$

für alle $u \geqq 0$. Aus diesem Grund folgt $f(\bar{x}) \geqq L_2(u)$ für alle $u \geqq 0$. Für ein beliebiges $\bar{x} \in X_2(u)$ gilt wiederum die Beziehung

$$f(\bar{x}) \geqq f(\bar{x}) + (u, g(\bar{x}) - b) = L(\bar{x}, u) \geqq L_1(u)$$

und somit $L_2(u) \geqq L_1(u)$. Daraus ergibt sich die Ungleichung

$$f(x) \geqq f(X) \geqq L_2(u) \geqq L_1(u) \tag{3.35}$$

für alle $x \in X$ und $u \geqq 0$ und so die obige Ungleichung. Für den Nachweis der Existenz des Maximums L_1 sind gewisse Stetigkeitsbetrachtungen für die Funktion $L_1(\cdot)$ wichtig, auf die wir hier nicht eingehen. ■

Das zweite Konstruktionsprinzip liefert also keine schlechteren Schranken als das erste, hat gegenüber diesem jedoch den Nachteil, daß die Probleme (3.33) wegen der zusätzlichen Ungleichung schwieriger zu lösen sind und die Zielfunktion in (3.34) nicht stetig ist.

Satz 3.4. *Es sei $\bar{u}$ eine beliebige zulässige Lösung einer der dualen Aufgaben und $\bar{x}$ eine optimale Lösung der entsprechenden Hilfsaufgaben* (3.31) *bzw.* (3.33). *Dann gilt:*

(i) *Bei $g(\bar{x}) \leqq b$ und $f(\bar{x}) = L_2(\bar{u})$ ist $\bar{x}$ optimal für* (3.29).

(ii) *Bei $g(\bar{x}) \leqq b$ und $L(\bar{x}, \bar{u}) = L_1(\bar{u})$ ist $\bar{x}$ ε-optimal mit $\varepsilon = (b - g(\bar{x}), \bar{u})$ für* (3.29).

(iii) *$\bar{x}$ ist optimale Lösung der Aufgabe* (3.29) *mit der neuen rechten Seite b', wobei $b_i' \geqq g_i(\bar{x})$ bei $\bar{u}_i = 0$ und $b_i' = g_i(\bar{x})$ bei $\bar{u}_i > 0$, $i = 1, 2, \ldots, m$, gilt.*

Beweis. (i) Die Optimalität von $\bar{x}$ folgt aus der Ungleichung (3.35).

(ii) Aus der gleichen Beziehung ergibt sich $f(X) \geqq f(\bar{x}) + (g(\bar{x}) - b, \bar{u})$ und $f(\bar{x}) \leqq f(X) + (b - g(\bar{x}), \bar{u})$,
d. h.

$$f(\bar{x}) \leqq f(X) + \varepsilon, \tag{3.36}$$

und in diesem Sinne ist $\bar{x}$ *ε-optimal.*

(iii) $\bar{x}$ ist eine zulässige Lösung für (3.29) bei $b = b'$. Gleichzeitig ist es optimal für die dieser Aufgabe zugeordnete Aufgabe (3.31), wobei

$$L_1(\bar{u}) = f(\bar{x}) \leqq f(X')$$

mit $X' = \{x \in S : g(x) \leqq b'\}$ gilt. Daraus folgt die Optimalität von $\bar{x}$ für die entsprechende Aufgabe. ■

Aus diesem Satz ergibt sich folgendes:
Wenn in einem Lösungsprozeß der dualen Aufgaben entsprechende u und x auftreten, so erhält man eine optimale, eine ε-optimale oder eine Näherungslösung, durch die die „Ressourcen" b_i um $|b_i' - b_i|$ überschritten werden. Sind diese Überschreitungen ver-

tretbar, kann der Lösungsprozeß beendet werden. Das Erreichen zufriedenstellender Ergebnisse mit diesem Zugang kann nur für gewisse Aufgabenklassen garantiert werden. Falls die erhaltene Lösung nicht akzeptabel ist, stehen doch die dualen Variablen für die *Analyse* des gegebenen Problems zur Verfügung.

Es sei noch auf den folgenden Sachverhalt verwiesen. Wenn eine Aufgabe vom Typ (3.13) aus 3.2.5. gegeben ist, so führt die Lösung der Aufgabe (3.31) aus der Realisierung des ersten Konstruktionsprinzips zu

$$L_1(u) = \sum_{i=1}^{k} L_i^*(u) - (u, b)$$

mit

$$L_i^*(u) = \min \{f_i(x_i) + (u, g_i(x_i)) : x_i \in X_i\}, \tag{3.37}$$

$i = 1, 2, \ldots, k$. In diesem Fall bezeichnen die Indizes i nicht die Komponenten des Vektors b, sondern die separablen Teile der Aufgabe (3.13).

Ein Lösungsprozeß der dualen Aufgabe enthält die Lösung von k kleineren Aufgaben (3.37) bei jedem u. Damit kann ein solcher Lösungsprozeß wieder als ein Prozeß der *dezentralen* Lösung oder als eine *Dekompositionsmethode* interpretiert werden. Im Gegensatz zu der Vorgehensweise in 3.2.5. wird die Dekomposition nicht durch eine äquivalente, sondern durch eine duale Aufgabe erreicht. Günstig für die Anwendung dieser Methode ist es, wenn die Probleme (3.37) einfach gelöst werden können.

Wir betrachten ein Beispiel und gehen dazu von der Aufgabe (3.29) in der Form

$$x_1 + 2x_2 \to \min,$$
$$x_1, x_2 \in \{0, 1, 2,\}, \qquad -3x_1 - 2x_2 \leqq -5$$

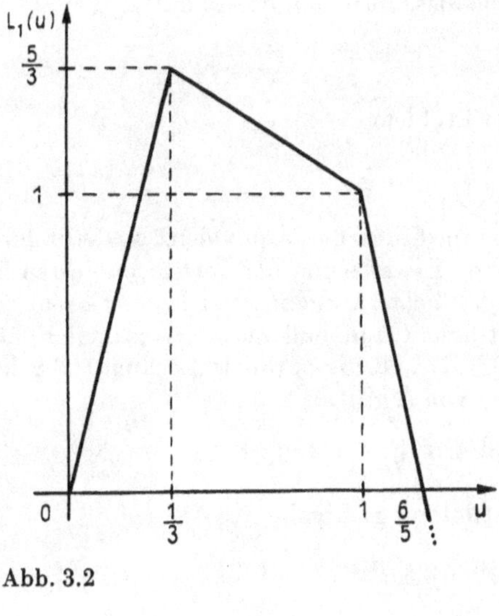

Abb. 3.2

aus. Die Lagrange-Funktion ist dann

$$L(x, u) = x_1(1 - 3u) + 2x_2(1 - u) + 5u.$$

Weiter ist

$$L_1(u) = \min \{x_1(1 - 3u) + 2x_2(1 - u) + 5u : x_1, x_2 \in \{0, 1, 2\}\}$$

$$= \begin{cases} 5u, & 0 \leqq u \leqq 1/3, \quad x = (0, 0), \\ 2 - u, & 1/3 \leqq u \leqq 1, \quad x = (2, 0), \\ 6 - 5u, & 1 \leqq u, \quad x = (2, 2). \end{cases}$$

Neben der Linearitätsbereichen der Funktion $L_1(\cdot)$ stehen die optimalen Lösungen. Die Graphik der Funktion $L_1(\cdot)$ ist in Abb. 3.2 angegeben.
Die optimale Lösung der dualen Aufgabe ist $\bar{u} = 1/3$. Für die Ausgangsaufgabe haben wir die optimale Lösung $x = (2, 0)$ mit dem Funktionswert $f(X) = 2$. Damit gilt die Ungleichung

$$L_1 = 5/3 < f(X) = 2.$$

Die Aufgabe (3.31) für $u = 1/3$ in der Form

$$L_1(1/3) = \min \{x_2 4/3 + 5/3 : x_1, x_2 \in \{0, 1, 2\}\}$$

hat die drei optimalen Lösungen (0, 0), (1, 0) und (2, 0). Wenn wir die dritte Lösung wählen, erkennen wir eine 1/3-optimale Lösung, die optimal ist. Falls die anderen beiden Lösungen verwendet werden, liegen dann optimale Lösungen für die Aufgabe mit der neuen rechten Seite $b' = 0$ bzw. $b' = -3$. vor. Die Realisierung des zweiten Konstruktionsprinzips führt nur auf die Ausgangsaufgabe und ist deshalb hier uninteressant.

3.4.2. Wir gehen nun etwas näher auf die Möglichkeiten der *Lösung* der dualen Aufgabe (3.32) ein. Mit der Aufgabe (3.34) beschäftigen wir uns hier nicht weiter.

Zuerst zeigen wir, daß (3.32) in eine äquivalente lineare Optimierungsaufgabe übergeführt werden kann. Obwohl die Menge S im allgemeinen eine „astronomisch" große Zahl von Elementen besitzt, denken wir uns diese durchnumeriert mit

$$S = \{x^1, x^2, \ldots, x^r\}.$$

Die Aufgabe (3.32) ist äquivalent zum Problem

$$s \to \max, \qquad s - L_1(u) \leqq 0, \qquad u \geqq 0. \tag{3.38}$$

Beide Aufgaben sind auch äquivalent im Sinne der Äquivalenz aus Abschnitt 3.1. Wir verzichten jedoch auf die entsprechende Erweiterung der dort formulierten Begriffe und beschränken uns auf die Erkenntnis, daß beide Aufgaben gleichzeitig lösbar sind, daß die maximalen Funktionswerte übereinstimmen und daß aus der optimalen Lösung $(\bar{s}, \bar{u})$ der maximale Funktionswert $\bar{s}$ von (3.32) und die optimale Lösung $\bar{u}$ abgelesen werden können. Da auf Grund der Darstellung von S gilt

$$L_1(u) = \min \left\{f(x^i) + \left(g(x^i) - b, u\right) : i = 1, 2, \ldots, r\right\},$$

erhalten wir schließlich die *lineare* Optimierungsaufgabe

$$L_1 = \max \left\{s : s + \left(b - g(x^i), u\right) \leqq f(x^i), \; i = 1, 2, \ldots, r, \; u \geqq 0\right\}. \tag{3.39}$$

Diese Aufgabe besitzt $m + 1$ Variable und r Ungleichungen. Wegen der großen Zahl von Ungleichungen ist es zweckmäßiger, die zu (3.39) duale Aufgabe zu betrachten:

$$L_1 = \min \left\{ \sum_{i=1}^{r} v_i f(x^i) : \sum_{i=1}^{r} v_i g(x^i) \leqq b, \right.$$
$$\left. \sum_{i=1}^{r} v_i = 1, v_i \geqq 0, i = 1, \ldots, r \right\}. \tag{3.40}$$

Wir demonstrieren diese Übergänge am Beispiel aus 3.4.1. Die Menge S besteht aus den Elementen

$$S = \{x^1 = (0, 0), x^2 = (1, 0), x^3 = (2, 0), x^4 = (0, 1), x^5 = (0, 2),$$
$$x^6 = (1, 1), x^7 = (1, 2), x^8 = (2, 1), x^9 = (2, 2)\}.$$

Die Aufgabe (3.39) nimmt die Gestalt

$$s \to \max,$$
$$s - 5u \leqq 0, \quad s - 2u \leqq 1, \quad s + u \leqq 2, \quad s - 3u \leqq 2, \quad s - u \leqq 4,$$
$$s \leqq 3, \quad s + 2u \leqq 5, \quad s + 3u \leqq 4, \quad s + 5u \leqq 6, \quad u \geqq 0,$$

an. Wir erhalten die optimale Lösung $(\bar{s}, \bar{u}) = (5/3, 1/3)$. Die Aufgabe (3.40) ergibt

$$v_2 + 2v_3 + 2v_4 + 4v_5 + 3v_6 + 5v_7 + 4v_8 + 6v_9 \to \min,$$
$$-3v_2 - 6v_3 - 2v_4 - 4v_5 - 5v_6 - 7v_7 - 8v_8 - 10v_9 \leqq -5,$$
$$v_1 + v_2 + v_3 + v_4 + v_5 + v_6 + v_7 + v_8 + v_9 = 1,$$
$$v_i \geqq 0, \quad i = 1, 2, \ldots, 9.$$

Hier erhalten wir die optimale Lösung $\bar{v} = (1/6, 0, 5/6, 0, \ldots, 0)$ mit dem gleichen Funktionswert.

Im allgemeinen kann die Aufgabe nicht nur nicht direkt gelöst, sondern nicht einmal explizit aufgeschrieben werden. Es hat sich jedoch die Methode der *Spaltengenerierung* bewährt, nach der zuerst (3.40) nur für eine Teilmenge von Elementen $S' \subset S$ mit $S' = \{x^1, x^2, \ldots, x^{r'}\}$, $r' \leqq r$, gelöst wird. Gleichzeitig bestimmt man den zur optimalen Basislösung zugehörigen *Lösungsvektor* (u', s') und überprüft die Ungleichung

$$s' \leqq f(x^i) + \big(g(x^i) - b, u'\big), \qquad i = 1, 2, \ldots, r, \tag{3.41}$$

indem

$$s' \leqq L_1(u') \tag{3.42}$$

getestet wird. Gilt diese Ungleichung, so ist (s', u') dual zulässig, und deshalb ist nach der Dualitätstheorie der linearen Optimierung die Lösung $\bar{v}$ mit $\bar{v}_i = v_i'$ für $i \leqq r'$ und $\bar{v}_i = 0$ für $i \geqq r' + 1$ optimal für (3.40). Andernfalls bezeichnet man den Index der Lösung $x \in S$, für die (3.41) nicht gilt, mit $i := r' + 1$, setzt $r' := r' + 1$ und löst die Aufgabe (3.40) im eingeschränkten Sinne erneut, bis eine optimale Lösung erkannt wird.

Falls allein die Lösung der dualen Aufgabe (3.32) interessiert, hat man mit u' den gesuchten Lösungsvektor gefunden.

Wir beschreiben nun ein

Modell des Algorithmus der Spaltengenerierung

1. Gegeben seien r' Elemente der Menge S, mit denen die Aufgabe (3.40) für $r = r'$, bezeichnet durch (3.40r'), definiert ist.

2. Die Aufgabe (3.40r') wird gelöst. Es sei $y' = (v_1', \ldots, v_{r'}')$ eine optimale Basislösung und (u', s') ein zugehöriger Lösungsvektor.

3. Wir lösen die Aufgabe (3.31) bei $u = u'$ und erhalten $L_1(u') = L(x^{r'+1}, u')$, d. h., die entsprechende optimale Lösung wird mit $x^{r'+1}$ bezeichnet.

4. Bei $s' \leqq L_1(u')$ ist (s', u') optimal für (3.39) und $v = (v_1, v_2, \ldots, v_r)$ mit

$$v_i = \begin{cases} v_i' & \text{bei } i \leqq r', \\ 0 & \text{bei } i \geqq r' + 1 \end{cases}$$

optimal für (3.40). Sonst gehen wir zum Schritt *5*.

5. Wir setzen $r' := r' + 1$, ergänzen (3.40) entsprechend mit einer neuen Spalte und gehen zum Schritt *2*.

Mit den verschiedenen Details der Realisierung des Zugangs beschäftigen wir uns hier nicht. Es ist nur zu vermerken, daß die möglicherweise auftretende Unlösbarkeit der Aufgaben (3.40r') durch zusätzlich eingeführte *Schlupfvariante*, die mit *Strafkoeffizienten* in der Zielfunktion versehen sind, überwunden werden kann. Wenn im gesamten Lösungsprozeß keine zulässige Lösung bestimmt werden kann, ist auch die Ausgangsaufgabe (3.29) unlösbar.

Wir beschreiben das obige Beispiel:

1. Es seien die Lösungen x^1 und x^9 bekannt. Damit ist die Aufgabe (3.40r') mit $r' = 2$ der Form

$$6v_9 \to \min,$$

$$-10v_9 \leqq -5, \qquad v_1 + v_9 = 1, \qquad v_i \geqq 0, \qquad i = 1, 9,$$

zu lösen.

2. Wir erhalten die Lösungen $v' = (1/2, 1/2)$ und $(u', s') = (3/5, 3)$.

3. Wir können die Lösung der Aufgabe (3.31) explizit aus der Darstellung in 3.4.1. ablesen und erhalten

$$L_1(3/5) = L(x^3, 3/5) = 2 - 3/5 = 7/5.$$

4. Es gilt $s' = 3 > L_1(3/5) = 7/5$, deshalb gehen wir zu *5*.

5. Wir setzen $r' := 3$ und lösen nun im Schritt *2* die Aufgabe

$$2v_3 + 6v_9 \to \min,$$

$$-6v_3 - 10v_9 \leqq -5, \qquad v_1 + v_3 + v_9 = 1, \qquad v_i \geqq 0, \qquad i = 1, 3, 9.$$

Wir erhalten die optimale Lösung $v' = (1/6, 5/6, 0)$ und den Lösungsvektor $(u', s') = (1/3, 5/3)$.

3. Die Lösung der Aufgabe (3.31) ergibt $L_1(1/3) = 5/3$.

4. Es gilt $s' = 5/3 = L_1(1/3)$, damit ist $(5/3, 1/3)$ optimal für (3.39) und $v = (1/6, 0, 5/6, 0, \ldots, 0)$ optimal für (3.40).

Wir haben diesen Zugang relativ ausführlich am Beispiel vorgerechnet, da von besonderem Interesse seine Realisierung für Aufgaben vom Typ (3.13) ist, die Darlegung dort jedoch komplizierter ist. Diese Aufgaben können natürlich in gleicher Weise behandelt werden. Die Berücksichtigung ihrer Struktur hat jedoch einige Vorteile. Erinnern wir noch einmal an diesen Aufgabentyp:

$$\sum_{i=1}^{k} f_i(x_i) \to \min,$$

$$\sum_{i=1}^{k} g_i(x_i) \leqq b, \qquad x_i \in X_i, \qquad i = 1, 2, \ldots, k.$$

Den Übergang von der dualen Aufgabe (3.32) zu dem Paar linearer Optimierungsaufgaben führen wir etwas anders durch. Wir ordnen die Elemente der Mengen X_i für sich und setzen die Darstellung $X_i = \{x_i^1, x_i^2, \ldots, x_i^{r(i)}\}$, $i = 1, 2, \ldots, k$, voraus. Auf Grund analoger Überlegungen wie oben erhalten wir statt (3.40) die Aufgabe

$$\begin{aligned} L_1 = \min \Bigg\{ & \sum_{i=1}^{k} \sum_{j=1}^{r(i)} f_i(x_i^j)\, v_i^j : \sum_{i=1}^{k} \sum_{j=1}^{r(i)} g_i(x_i^j)\, v_i^j \leqq b, \\ & \sum_{j=1}^{r(i)} v_i^j = 1, \quad v_i^j \geqq 0, \quad j = 1, 2, \ldots, r(i), \quad i = 1, 2, \ldots, k \Bigg\}. \end{aligned} \tag{3.43}$$

Das von uns untersuchte Beispiel weist auch die Struktur der Aufgabe (3.13) auf. Die Aufgabe (3.43) kann für dieses Problem so dargestellt werden:

$$\begin{aligned} & v_1^2 + 2v_1^3 + 2v_2^2 + 4v_2^3 \to \min, \\ & -3v_1^2 - 6v_1^3 - 2v_2^2 - 4v_2^3 \leqq -5, \\ & v_1^1 + v_1^2 + v_1^3 = 1, \\ & v_2^1 + v_2^2 + v_2^3 = 1, \\ & v_i^j \geqq 0, \qquad j = 1, 2, 3, \qquad i = 1, 2. \end{aligned}$$

Die Aufgabe (3.43) kann ebenfalls mit dem Zugang der Spaltengenerierung gelöst werden. Es ist dabei erforderlich, mit k Teilmengen von Elementen der Mengen X_i den Lösungsprozeß zu beginnen. Nach der Lösung dieser Aufgabe überprüft man mit dem vorliegenden Lösungsvektor $(u', s_1', \ldots, s_k')$ die Ungleichungen

$$L_i^*(u') \geqq s_i', \qquad i = 1, 2, \ldots, k, \tag{3.44}$$

wobei $L_i'(\cdot)$ gemäß (3.37) definiert ist. Gilt (3.44) für alle i, so kann die vorliegende Lösung der eingeschränkten Aufgabe (3.43) zur optimalen Lösung ergänzt werden. Andernfalls nimmt man das Element, durch das die Ungleichungen am stärksten verletzt werden, in die Aufgabe (3.43) auf und löst sie erneut.

Im Beispiel werde die Aufgabe

$$2v_1^3 \to \min,$$
$$-6v_1^3 \leqq -5,$$
$$v_1^1 + v_1^3 = 1,$$
$$v_2^1 = 1,$$
$$v_i^j \geqq 0, \quad j = 1, 3, \quad i = 1, 2,$$

gelöst. Wir ermitteln die optimale Lösung $v' = (1/6, 5/6, 1)$ und den Lösungsvektor $(1/3, 0, 0) = (u', s_1', s_2')$.
Es gilt

$$L_1^*(1/3) = \min \{x_1(1-1) : x_1 \in \{0, 1, 2\}\} = 0 = s_1'$$

und

$$L_2^*(1/3) = \min \{2x_2(2/3) : x_2 \in \{0, 1, 2\}\} = 0 = s_2',$$

d. h., die Lösung kann zur optimalen Lösung

$$v = (1/6, 0, 5/6, 1, 0, 0)$$

ergänzt werden.

Wir formulieren nun eine Aussage über die Qualität der Lösungen der Aufgabe (3.43) für die Gewinnung einer „guten" Näherungslösung für das Ausgangsproblem (3.13).

Satz 3.5. *Eine beliebige Basislösung der Aufgabe* (3.43) *besitzt wenigstens* $l = \max(0, k - m)$ *Indizes vom Typ* i *mit der Eigenschaft, daß ein* $j(i)$ *existiert mit*

$$v_i^{j(i)} = 1 \quad \text{und} \quad v_i^j = 0, \quad j \neq j(i). \tag{3.45}$$

Beweis. Wegen $b \in \mathbb{R}^m$ hat die Aufgabe (3.43) $m + k$ Gleichungen bzw. Ungleichungen. Nach den bekannten Aussagen der linearen Optimierung hat dann eine beliebige Basislösung höchstens $m + k$ positive Komponenten. Da k Gleichungen vorhanden sind, können bestenfalls in m dieser Gleichungen zwei oder mehr Komponenten positiv sein. Damit bleiben $k - m$ Gleichungen, in denen nur eine Komponente positiv und damit gleich Eins sein muß. ■

Aus diesem Satz ergibt sich eine wichtige Schlußfolgerung. Wenn k wesentlich größer als m ist, so erhält man mit $x = \{x_i\}_{i=1}^k$ eine „gute" Näherungslösung in dem Sinne, daß

$$x_i = \sum_{j=1}^{r(i)} v_i^j x_i^j \tag{3.46}$$

für viele i zulässig bezüglich der Mengen X_i ist, daß im Fall der Linearität der Funktionen $g_i(\cdot)$ die Lösung zulässig für das Ungleichungssystem ist und daß der Funktionswert nach Satz 3.3 den minimalen Wert von (3.13) nicht übersteigt.

In unserem Beispiel erhalten wir mit $x = (x_1, x_2) = (5/6, 0)$ eine Lösung, die die Ungleichung erfüllt, der Beziehung $x_2 \in X_2 = \{0, 1, 2\}$ gerecht wird und deren Funktionswert gleich 5/3 und somit kleiner als 2 ist. Im Beispiel führt das „Aufrunden" sogar zur optimalen Lösung (2, 0).

Im Kapitel zur Lösung separabler dynamischer Aufgaben erörtern wir weitere Anwendungsmöglichkeiten dieses Zugangs.

3.4.3. Wir skizzieren jetzt einen weiteren Lösungszugang.

Die dargelegten Verfahren zur Lösung der dualen Aufgabe basieren auf dem Übergang zu einer zur Ausgangsaufgabe zweifach dualen Aufgabe. Die direkte Lösung der dualen Aufgabe (3.32) kann mit sogenannten *Subgradientenverfahren* realisiert werden. In diesen Verfahren wird eine Iterationsfolge von zulässigen Lösungen $u^0, u^1, \ldots$ aufgebaut. Der Übergang von einer Lösung u^q zur Lösung u^{q+1} erfolgt, indem ein beliebiger Subgradient der Funktion $L_1(\cdot)$ in u^q ermittelt, die Lösung u^q in Richtung des Subgradienten nach einer vorgegebenen Schrittweite verändert und dieser entstehende Punkt auf den zulässigen Bereich des Problems projiziert wird. Den Begriff des Subgradienten erläutern wir hier nicht, sondern verweisen den Leser auf die angeführte einschlägige Literatur. Der im Schritt *3* des nachfolgenden Algorithmenmodells gebildete Vektor a^q ist ein solcher Subgradient der Funktion $L_1(\cdot)$.

Modell des Algorithmus der Subgradiententechnik

1. Es sei eine zulässige Lösung $u^0 \in \mathbb{R}_+{}^m$ gegeben. Wir setzen den Iterationsindex $q := 0$.

2. Wir lösen die Aufgabe (3.31) für $u = u^q$ und bestimmen $L_1(u^q) = L(x^q, u^q)$.

3. Wir wählen einen Vektor a^q nach der Vorschrift $a^q := g(x^q) - b$.

4. Wir bestimmen eine neue zulässige Lösung nach der Regel

$$u_i^{q+1} := \begin{cases} u_i^q + s_q a_i^q & \text{bei} \quad u_i^q + s_q a_i^q \geqq 0, \\ 0 & \text{sonst,} \end{cases} \qquad i = 1, 2, \ldots, m.$$

5. Bei $u^q = u^{q+1}$ beenden wir den Lösungsprozeß und erkennen mit u^q eine optimale Lösung, sonst setzen wir $q := q + 1$ und gehen zum Schritt *2*.

Die Schrittweitenparameter werden im allgemeinen vorgegeben und sollen den Bedingungen $s_q > 0$, $\lim\limits_{q \to \infty} s_q = 0$ und

$$\sum_{q=0}^{\infty} s_q = +\infty$$

genügen. Den Abbruchtest *5* ersetzt man durch einen Test, in dem geprüft wird, ob u^q und u^{q+1} nahe genug beieinander liegen.

Wir gehen noch einmal auf unser Beispiel ein. Wir geben die Parameter s_q mit $s_q = 1/(1 + q)$ vor. Den Ablauf des Algorithmus kann man in Tab. 3.4 verfolgen. Bei $q = 4$ haben wir mit $23/60 \approx 1/3$ schon eine gute Näherung erreicht.

Die Subgradientenverfahren haben gegenüber dem Zugang mit der linearen Optimierung einige numerische Vorteile, denn diese Verfahren sind leicht zu programmieren, numerisch stabil und auch relativ effektiv. Aussagen vom Typ des Satzes 3.5 gestatten sie jedoch nicht.

Kehren wir noch einmal zur Problematik der Schrankenberechnung zurück. Nach Satz 3.3 liefert jede zulässige Lösung der dualen Aufgabe mit ihrem Funktionswert eine untere Schranke für die Abschätzung des Zielfunktionswertes $f(x)$ für alle $x \in X$. Wenn wir uns

Tab. 3.4

q	u^q	x^q	a^q	s_q	$u^q + s_q a^q$
0	0	(0, 0)	5	1	5
1	5	(2, 2)	−5	1/2	5/2
2	5/2	(2, 2)	−5	1/3	5/6
3	5/6	(2, 0)	−1	1/4	7/12
4	7/12	(2, 0)	−1	1/5	23/60
.	.	.	.	.	.
.	.	.	.	.	.
.	.	.	.	.	.

an den Zugang der impliziten Enumeration in 3.3.2. erinnern, so werden da hauptsächlich Schranken des Funktionswertes auf Teilmengen $X' \subset X$ benötigt. Wie für die Ausgangsaufgabe (3.29) können wir auch für jede Aufgabe mit dem eingeschränkten Bereich X' eine duale Aufgabe vom Typ (3.32) erstellen. Wir führen die Funktion $L_1'(\cdot)$

$$L_1'(u) = \min \{L(x, u) : x \in X'\} \tag{3.47}$$

und mit ihr die duale Aufgabe

$$L_1' = \max \{L_1'(u) : u \geqq 0\} \tag{3.48}$$

ein. Mit x' bezeichnen wir eine optimale Lösung der Aufgabe (3.47) und mit $\bar{u}$ eine optimale Lösung der dualen Aufgabe (3.32). Es gilt dann der

Satz 3.6. *Für eine Teilmenge $X' \subset X$ haben wir die folgenden unteren Schranken*

$$L_1 \leqq L'(x', \bar{u}) = L_1'(\bar{u}) \leqq L_1' = L_1'(u') \leqq f(X'). \tag{3.49}$$

Logischerweise werden die unteren Schranken im allgemeinen besser, wenn mehr Aufwand für ihre Berechnung investiert wird. Es zeigt sich, daß der Aufwand für die Lösung der dualen Aufgabe (3.48) für jede auftretende Teilmenge X' im Verfahren der impliziten Enumeration relativ hoch ist. Die Schranke $L_1'(\bar{u})$, in der die optimale Lösung der dualen Aufgabe für das Ausgangsproblem eine Rolle spielt, kann für Teilmengen X', durch die die Ungleichungen nicht oder kaum verletzt werden, schlechter als eine trivial zu bestimmende untere Schranke sein.

Wenn für alle $x \in X'$ gilt $g(x) \leqq b$, so haben wir die Beziehung

$$L_1'(0) = f(x^0) + \big(g(x^0) - b, 0\big) \geqq L_1'(\bar{u}) = f(x') + \big(g(x') - b, \bar{u}\big).$$

Aus diesen Überlegungen heraus bietet sich die kombinierte Verwendung von unteren Schranken, etwa mit

$$L_1^* = \max \big(L_1'(\bar{u}), L_1'(0)\big) \tag{3.50}$$

an. Numerische Erfahrungen bestätigen die Zweckmäßigkeit dieser Wahl der Schranken.

4. Lösung eindimensionaler Aufgaben

Die effektive Lösung eindimensionaler Aufgaben ist aus mehreren Gründen von besonderer Wichtigkeit. Nehmen wir die im 2. Kapitel formulierte Aufgabe (2.1). Falls eine Produktions- und Lagerhaltungsstrategie für viele unterschiedliche Erzeugnisse bestimmt werden soll, kann der numerische Aufwand, der sich aus dem Aufwand für die Lösung jeder Aufgabe dieses Typs ergibt, recht hoch sein. Aber auch bei der Lösung komplizierter Probleme wie der Aufgaben (2.2) bis (2.4) ist man vom Vermögen der effektiven Lösung eindimensionaler Aufgaben abhängig. In Dekompositionsverfahren werden die Aufgaben so zerlegt, daß viele eindimensionale Probleme entstehen. In den Verfahren der impliziten Enumeration wird die Lösung eindimensinaler Aufgaben zur Schrankenberechnung benötigt. Somit nehmen diese Probleme eine Schlüsselstellung bei der Lösung sämtlicher dynamischer Aufgaben ein.

Wir führen die Darlegung so, daß zuerst konkrete dynamische Aufgaben vom Typ (2.1) untersucht werden. Danach widmen wir uns allgemeineren eindimensionalen Aufgaben.

4.1. Diskretisierung deterministischer Lagerhaltungsaufgaben

4.1.1. Die Aufgabe (2.1) aus dem 1. Kapitel ist vordergründig keine Aufgabe der *diskreten*, sondern der *nichtkonvexen* Optimierung. Wir zeigen in diesem Abschnitt, wie verschiedene Aufgaben vom Typ (2.1) in Aufgaben der diskreten Optimierung übergeführt werden können.

Wir schränken die Allgemeinheit der Aufgabe etwas ein, indem wir $x_t^- = y_t^- = 0$, $t = 1, 2, \ldots, T$, setzen, und erhalten die Bedingungen

$$\begin{aligned} &y_t = y_{t-1} + x_t - B_t, \qquad y_0 = y_T = 0, \\ &0 \leqq x_t \leqq x_t^+, \qquad 0 \leqq y_t \leqq y_t^+, \qquad t = 1, 2, \ldots, T. \end{aligned} \tag{4.1}$$

Das System (4.1) erfaßt eine Situation, in der auf Grund der Nichtnegativität der Vorräte y_t die Bedarfsbefriedigung stets gesichert ist. Die Beziehungen können auch in der Form

$$\begin{aligned} &0 \leqq x_t \leqq x_t^+, \\ &0 \leqq \sum_{r=1}^{t} (x_r - B_r) \leqq y_t^+, \qquad t = 1, 2, \ldots, T, \\ &\sum_{r=1}^{T} x_r = \sum_{r=1}^{T} B_r, \end{aligned} \tag{4.2}$$

aufgeschrieben werden, da

$$y_t = \sum_{r=1}^{t} (x_r - B_r), \qquad t = 1, 2, \ldots, T, \tag{4.3}$$

gilt. Im System (4.2) sind alle Beziehungen allein durch die Produktionsvariablen ausgedrückt.

Um zu einer Aufgabe der diskreten Optimierung zu kommen, untersuchen wir die Struktur der *Extremalpunkte* des durch (4.1) bzw. (4.2) beschriebenen Polytops. Vorher interessiert uns, wann die Menge der Lösungen (4.1) *nichtleer* ist.

Satz 4.1. *Die Menge der zulässigen Lösungen* (4.1) *ist genau dann nichtleer, wenn gilt*

$$s_0 = 0 \qquad \text{und} \qquad s_t \leqq y_t^+, \qquad t = 1, 2, \ldots, T-1, \tag{4.4}$$

wobei $s_T = 0$ *und*

$$s_{t-1} = \max\,(0, B_t + s_t - x_t^+), \qquad t = T, T-1, \ldots, 1, \tag{4.5}$$

ist.

Beweis. Wenn (4.4) gilt, so ist

$$\{x_t, y_{t-1}\}_{t=1}^T = \{B_t + s_t - s_{t-1}, s_{t-1}\}_{t=1}^T \tag{4.6}$$

eine zulässige Lösung von (4.1), denn nach (4.5) ist

$$s_{t-1} \geqq B_t + s_t - x_t^+$$

und damit $x_t = B_t + s_t - s_{t-1} \leqq x_t^+, \quad t = 1, 2, \ldots, T;$ nach (4.4) ist $y_t = s_t \leqq y_t^+$, $y_0 = y_T = 0$, und $y_t = s_t = s_{t-1} + (B_t + s_t - s_{t-1}) - B_t, \quad t = 1, 2, \ldots, T.$

Liegt andererseits eine zulässige Lösung $\{x_t, y_{t-1}\}_{t=1}^T$ vor, d. h., die Menge (4.1) ist nichtleer, so läßt sich (4.4) durch Induktion zeigen. $s_T = 0$ gilt laut Voraussetzung. Aus

$$y_{T-1} \leqq y_{T-1}^+ \text{ und } 0 = y_T = y_{T-1} + x_T - B_T$$

folgt

$$y_{T-1}^+ \geqq y_{T-1} = B_T - x_T \geqq \max\,(0, B_T - x_T^+) = s_{T-1}.$$

Es sei nun für t die Beziehung $s_t \leqq y_t$ richtig, dann gilt für $t-1$

$$y_{t-1}^+ \geqq y_{t-1} = B_t - x_t + y_t \geqq \max\,(0, B_t + s_t - x_t^+) = s_{t-1}.$$

Letztlich haben wir für $t = 1$.

$$0 = y_0 = B_1 - x_1 + y_1 = s_0 = 0.$$

Damit ist der Satz bewiesen. ■

Die Überprüfung des Lösbarkeitskriteriums (4.4) und (4.5) verläuft äußerst einfach. Betrachten wir ein Beispiel, in dem $T = 3$, $B_t = 2$, $x_t^+ = 4 - t$, $y_t^+ = 3 - t$, $t = 1, 2, 3$, gilt, d. h., es liegt das System

$$\begin{aligned} &y_1 = x_1 - 2, && 0 \leqq x_1 \leqq 3, && 0 \leqq y_1 \leqq 2,\\ &y_2 = y_1 + x_2 - 2, && 0 \leqq x_2 \leqq 2, && 0 \leqq y_2 \leqq 1,\\ &0 = y_2 + x_3 - 2, && 0 \leqq x_3 \leqq 1, && \end{aligned} \tag{4.7}$$

vor. Nach (4.5) gilt dann

$$s_3 = 0,\ s_2 = \max(0, 2-1) = 1 = y_2^+,$$

$$s_1 = \max(0, 2+1-2) = 1 < y_1^+, \qquad s_0 = \max(0, 2+1-3) = 0.$$

Für das System kann entsprechend (4.6) die zulässige Lösung

$$\begin{aligned} x_1 &= 2+1-0 = 3, & y_1 &= 1, \\ x_2 &= 2+1-1 = 2, & y_2 &= 1, \\ x_3 &= 2+0-1 = 1, & y_0 &= y_3 = 0, \end{aligned} \tag{4.8}$$

angegeben werden.

4.1.2. Die Vorschrift (4.6) liefert eine solche Lösung, in der in allen Perioden ein *minimaler Vorrat* auftritt, denn im Beweis des Satzes 4.1 haben wir die Beziehung $s_t \leqq y_t$ gezeigt. Aus diesem Grunde kann man die Lösung nicht als konvexe Linearkombination zweier anderer zulässiger Lösungen darstellen. Folglich ist sie Basislösung des Systems (4.1) und damit Extremalpunkt des entsprechenden Polytops.

Bei genauerer Analyse der konkreten Lösung (4.8) stellen wir die folgende Eigenschaft fest: Es gilt $y_0 = y_3 = 0$, $y_t > 0$, $t = 1, 2$, und $x_t = x_t^+$ für $t = 1, 2, 3$. In allgemeinerer Form ist das die Eigenschaft aller Basislösungen.

Satz 4.2. *Eine zulässige Lösung $\{x_t, y_{t-1}\}_{t=1}^T$ des Systems (4.1) ist genau dann Basislösung, wenn gilt:*

$$\begin{aligned} &\textit{Bei } y_t \in \{0, y_t^+\},\ t = k, l,\ k < l \textit{ und} \\ &0 < y_t < y_t^+,\ t = k+1, k+2, \dots, l-1, \\ &\textit{existiert höchstens ein } t = k+1, k+2, \dots, l \textit{ mit} \\ &0 < x_t < x_t^+. \end{aligned} \tag{4.9}$$

Auf den Beweis des Satzes verzichten wir an dieser Stelle.

Falls $x_t^+ = y_t^+ = +\infty$, $t = 1, 2, \dots, T$, ist, geht die Eigenschaft (4.9) über in:

$$\begin{aligned} &\text{Bei } y_t = 0,\ t = k, l,\ k < l, \text{ und} \\ &y_t > 0,\ t = k+1, k+2, \dots, l-1, \text{ existiert höchstens ein} \\ &t = k+1, k+2, \dots, l \text{ mit } x_t > 0. \end{aligned} \tag{4.10}$$

Da $y_k = 0$ und $y_{k+1} > 0$ ist, folgt aus der Bilanzgleichung in (4.1), daß $x_{k+1} > 0$ sein muß. Damit kommen wir zu einer Eigenschaft für Basislösungen in der Form

$$y_{t-1} x_t = 0, \qquad t = 1, 2, \dots, T. \tag{4.11}$$

Diese Eigenschaft einer Basislösung des Systems

$$\begin{aligned} &y_t = y_{t-1} + x_t - B_t, \\ &x_t, y_t \geqq 0,\ y_0 = y_T = 0, \qquad t = 1, 2, \dots, T, \end{aligned} \tag{4.12}$$

beweisen wir.

Satz 4.3. *Eine zulässige Lösung des Systems* (4.12) *ist genau dann Basislösung, wenn die Beziehung* (4.11), *oder was dem entspricht, die Eigenschaft*

$$\begin{aligned} & x_t \in \{\bar{B}_{tt}, \bar{B}_{t,t+1}, \ldots, \bar{B}_{tT}\} \text{ bei } y_{t-1} = 0 \\ & \text{und } x_t = 0 \text{ bei } y_{t-1} > 0, \end{aligned} \tag{4.13}$$

erfüllt ist mit

$$\bar{B}_{tk} = \sum_{r=t}^{k} B_r.$$

Beweis. Zuerst zeigen wir, daß (4.11) gilt. Falls eine zulässige Basislösung vorliegt, für die (4.11) nicht gilt, d. h. daß ein Index t mit $y_{t-1}x_t > 0$ vorhanden ist, können wir diese Lösung als konvexe Linearkombination zweier anderer Lösungen darstellen, in denen jeweils y_{t-1} etwas verkleinert (vergrößert) und x_t vergrößert (verkleinert) wird. Das ist bei einer Basislösung laut Definition jedoch nicht möglich.

Umgekehrt, sei eine Lösung $\{x_t, y_{t-1}\}_{t=1}^T$ mit der Eigenschaft (4.11) vorgelegt und diese sei keine Basislösung, d. h., sie ist als konvexe Linearkombination zweier anderer zulässiger Lösungen $\{x_t', y_{t-1}'\}_{t=1}^T$ und $\{x_t'', y_{t-1}''\}_{t=1}^T$ darstellbar. Da nach (4.2) die Summe der Produktion über $t = 1, 2, \ldots, T$ konstant ist, unterscheiden sich die drei Lösungen in mindestens zwei Perioden. Möglich ist das auf Grund der Nichtnegativität nur in solchen Perioden, in denen $x_t > 0$ ist. Es seien $k < l$ zwei Indizes, in denen sich die Produktionsmengen unterscheiden. Ohne Beschränkung der Allgemeinheit gilt dann $x_k' < x_k < x_k''$, $x_l' > x_l > x_l''$, $x_t' \leqq x_t \leqq x_t''$, $t = k+1, \ldots, l-1$, $y_t' < y_t < y_t''$, $t = k, \ldots, l-1$, und $y_{k-1}' = y_{k-1}'' = 0$. Aus diesen Bedingungen ergibt sich zwangsläufig $y_{l-1}' < y_{l-1} = 0$, was der Zulässigkeit der Lösung widerspricht. Damit ist die angenommene Lösung nicht als konvexe Linearkombination darstellbar, und sie ist folglich eine Basislösung.

Wir zeigen nun den Zusammenhang der Eigenschaften (4.11) und (4.13). Aus (4.13) folgt sofort (4.11). Wenn (4.11) gilt, so gilt auch die zweite Beziehung in (4.13). Nehmen wir an, daß die erste Beziehung für eine Periode mit minimaler Nummer nicht gilt, d. h., wir haben

$$y_{t-1} = 0 \qquad \text{und} \qquad \bar{B}_{tk} < x_t < \bar{B}_{t,k+1}.$$

Daraus folgt $B_{k+1} > 0$, $x_{k+1} > 0$ und $y_k = \bar{B}_{t,k+1} - x_t > 0$. Das widerspricht offensichtlich der Forderung (4.11). Der Satz ist bewiesen. ■

Verzichten wir im Beispiel (4.7) aus 4.1.1. auf die oberen Schranken, dann erhalten wir für dieses System die zulässigen Basislösungen

$$\begin{aligned}
&(1)\ x_1 = 6, x_2 = 0, \quad x_3 = 0, y_1 = 4, \quad y_2 = 2, y_0 = y_3 = 0,\\
&(2)\ x_1 = 4, x_2 = 0, \quad x_3 = 2, y_1 = 2, \quad y_2 = 0, y_0 = y_3 = 0,\\
&(3)\ x_1 = 2, x_2 = 4, \quad x_3 = 0, y_1 = 0, \quad y_2 = 2, y_0 = y_3 = 0,\\
&(4)\ x_1 = 2, x_2 = 2, \quad x_3 = 2, y_1 = 0, \quad y_2 = 0, y_0 = y_3 = 0.
\end{aligned}$$

Nun betrachten wir den Spezialfall von (2.1)

$$\sum_{t=1}^{T} \big(c_t(x_t) + L_t(y_t)\big) \to \min, \tag{4.14}$$

$$\begin{aligned} &y_t = y_{t-1} + x_t - B_t, \\ &x_t, y_t \geqq 0, \qquad t = 1, 2, \ldots, T, \\ &y_0 = y_T = 0, \end{aligned} \tag{4.14}$$

wobei $c_t(\cdot)$ und $L_t(\cdot)$ konkave Funktionen mit $c_t(0) = L_t(0) = 0$, $t = 1, 2, \ldots, T$, sind. Nach dem Satz 4.1 ist der zulässige Bereich des Problems stets nichtleer, da $s_t = 0$ für alle t gilt. Dem Satz 4.3 zufolge können wir zu den Bedingungen von (4.14) noch (4.11) bzw. (4.13) hinzufügen, da wegen der konkaven Zielfunktion eine optimale Basislösung existiert. Wie wir schon in 2.2.3. festgestellt haben, ist damit eine markowsche leontiewsche dynamische Aufgabe der diskreten Optimierung zu lösen.

Einen wichtigen Spezialfall der Aufgabe (4.14) erhalten wir, wenn

$$c_t(x) = d_t \operatorname{sign} x + c_t x, \; L_t(x) = L_t y, \qquad t = 1, 2, \ldots, T, \tag{4.15}$$

gilt. Hier setzen sich die Produktionskosten aus den Fixkosten $d_t \geqq 0$, die unabhängig vom Produktionsumfang auftreten, und den linearen mengenabhängigen Kosten $c_t x$ mit $c_t \geqq 0$ zusammen. Die Lagerkosten sind ebenfalls linear und mengenabhängig mit $L_t \geqq 0$.

4.1.3. Die Struktur zulässiger Basislösungen für (4.1) aus dem Satz 4.2 ist für die Konstruktion von Lösungsverfahren relativ unhandlich. Bei gewissen realistischen Voraussetzungen an die Parameter der Zielfunktion kann man jedoch zeigen, daß unter den Basislösungen (4.9) eine optimale mit einer noch spezielleren Struktur existiert.

Wir nehmen an, daß die Zielfunktion, die mit dem zulässigen Bereich zusammen betrachtet wird, der Eigenschaft (4.15) genügt, d. h., wir untersuchen die Aufgabe

$$\begin{aligned} &\sum_{t=1}^{T} (d_t \operatorname{sign} x_t + c_t x_t + L_t y_t) \to \min, \\ &y_t = y_{t-1} + x_t - B_t, \qquad 0 \leqq x_t \leqq x_t^+, \\ &0 \leqq y_t \leqq y_t^+, \qquad t = 1, 2, \ldots, T, \\ &y_0 = y_T = 0. \end{aligned} \tag{4.16}$$

Bezüglich der Parameter c_t und L_t gelte

$$c_t + L_t \geqq c_{t+1}, \qquad t = 1, 2, \ldots, T-1. \tag{4.17}$$

Diese Ungleichungen sagen aus, daß es allein nach den linearen Kosten nicht günstiger ist, eine Einheit in t herzustellen und eine Periode lang zu lagern, als sie gleich in $t + 1$ zu produzieren. Bei konstanten linearen Produktionskosten ist diese Eigenschaft automatisch erfüllt.

Satz 4.4. *Der zulässige Bereich* (4.1) *sei nichtleer, und es gelte* (4.17). *Dann besitzt die Aufgabe* (4.16) *eine optimale Basislösung mit der Eigenschaft*

$$y_{t-1}(x_t^+ - x_t)\, x_t = 0, \qquad t = 1, 2, \ldots, T. \tag{4.18}$$

Beweis. Es ist leicht einzusehen, daß (4.18) ein Spezialfall von (4.9) ist, d. h., eine zulässige Lösung mit (4.18) ist eine Basislösung.

Wir zeigen nun, daß aus einer beliebigen zulässigen Lösung eine neue Lösung mit der Eigenschaft (4.18) konstruiert werden kann, deren Funktionswert nicht größer ist. Diese Aussage gilt im Fall ihrer Richtigkeit auch für eine beliebige optimale Lösung, woraus die Behauptung des Satzes folgt.

Es liege eine zulässige Lösung $\{x_t, y_{t-1}\}_{t=1}^T$ vor, und l sei eine Periode mit minimaler Nummer, in der (4.18) nicht gilt:

$$y_{l-1} > 0 \quad \text{und} \quad 0 < x_l < x_l^+.$$

Wegen $y_{l-1} > 0$ existiert eine größte Periode $k \leqq l - 1$ mit $x_k > 0$. Wir erzeugen eine neue zulässige Lösung $\{x_t', y_{t-1}'\}_{t=1}^T$, indem wir mit dem Wert $d = \min\{y_{l-1}, x_l^+ - x_l, x_k\}$ die Produktionsmengen und Vorräte nach der Vorschrift

$$x_t' = \begin{cases} x_t - d & \text{bei } t = k, \\ x_t + d & \text{bei } t = l, \\ x_t & \text{sonst}, \end{cases} \qquad y_t' = \begin{cases} y_t - d & \text{bei } t = k, \dots, l-1, \\ y_t & \text{sonst} \end{cases}$$

verändern. Der Vergleich der Funktionswerte beider Lösungen liefert nach (4.17)

$$\begin{aligned} f(x, y) - f(x', y') &= d_k + c_k x_k + c_l x_l + d \sum_{t=k}^{l-1} L_t - d_k \operatorname{sign}(x_k - d) \\ &\quad - c_k(x_k - d) - c_l(x_l + d) \geqq d\left(c_k + \sum_{t=k}^{l-1} L_t - c_l\right) \\ &\geqq d(c_{l-1} + L_{l-1} - c_l) \geqq 0, \end{aligned}$$

d. h., der Funktionswert der neuen Lösung erhöht sich nicht.

Gilt $d = \min(x_l^+ - x_l, y_{l-1})$, so entspricht diese Lösung der Forderung (4.18) in der Periode l, und man kann zur Behandlung weiterer Perioden schreiten. Bei

$$x_k = d < \min(x_l^+ - x_l, y_{l-1})$$

stellen wir in l noch einmal die gleichen Überlegungen an. Nach einer endlichen Anzahl von Schritten erhalten wir das gewünschte Ergebnis. ■

Aus dem Satz folgt, daß für die Aufgabe (4.16) unter der Voraussetzung (4.17) eine optimale Lösung existiert, in der nach einem positiven Vorrat die Produktion immer an der unteren oder oberen Grenze liegt.

Von Interesse ist auch der Spezialfall von (4.16)

$$\begin{aligned} &\sum_{t=1}^{T} (d_t \operatorname{sign} x_t + c_t x_t + L_t y_t) \to \min, \\ &y_t = y_{t-1} + x_t - B_t, \qquad x_t \geqq 0, \\ &0 \leqq y_t \leqq y_t^+, \qquad t = 1, 2, \dots, T, \\ &y_0 = y_T = 0. \end{aligned} \tag{4.19}$$

Unter der Voraussetzung (4.17) existiert für diese Aufgabe eine optimale Basislösung mit

$$y_{t-1}x_t = 0, \qquad t = 1, 2, \ldots, T,$$

d. h., für diese Aufgabe ist die Existenz einer optimalen Lösung mit der Eigenschaft (4.11) bzw. (4.13) gesichert. Wir erreichen damit, daß durch speziellere Anforderungen an die Zielfunktion das gleiche Ergebnis wie für die Aufgabe (4.14) erzielt werden kann, obwohl zusätzliche Beschränkungen der Lagerkapazität mit y_t^+ vorhanden sind. An dieser Stelle verzichten wir auf die Illustration der Aussagen an Beispielen und holen das im nächsten Abschnitt nach.

Es soll noch vermerkt werden, daß Aussagen über die Struktur der Basislösungen auch für allgemeinere Aufgaben möglich sind.

4.2. Lösung einiger deterministischer Lagerhaltungsaufgaben

4.2.1. Wir beschreiben nacheinander Algorithmen zur Lösung der Aufgaben (4.14), (4.19) und (4.16). Als Grundlage für diese Algorithmen dienen die im Abschnitt 3.3. dargelegten Modelle des Algorithmus der diskreten dynamischen Optimierung und des Algorithmus zur Lösung des äquivalenten Problems des kürzesten Weges.

Wir beginnen mit der Darlegung des Algorithmus der dynamischen Optimierung für die Aufgabe (4.14). Die Aufgabe läßt sich nach 2.2.3. in die Aufgabe (M), wie sie in 3.3.1. verwendet wird, einbetten. Deshalb konkretisieren wir nun einige Elemente des Algorithmenmodells aus 3.3.1.

Da wir eine optimale Lösung mit der Eigenschaft (4.13) bestimmen, ergibt sich, daß nur Zustände aus den Zustandsmengen $\mathring{Y}_0 = \{0\}$ und

$$\mathring{Y}_t = \{0, \overline{B}_{t+1,t+1}, \overline{B}_{t+1,t+2}, \ldots, \overline{B}_{t+1,T}\}, \qquad t = 1, 2, \ldots, T-1, \tag{4.20}$$

zu betrachten sind. Inhaltlich gesehen heißt das, daß entweder kein Vorrat anliegt oder der Vorrat für die nächste Periode, für die nächste und übernächste Periode usw.

Wenn $y_{t-1} > 0$, ist, so folgt nach (4.13) $x_t = 0$. Damit ist in der Rekursionsformel (3.18) die Variable x_t schon festgelegt, und es ist nichts mehr zu minimieren. Nur im Fall $y_{t-1} = 0$ haben wir eine gewisse Optimierungsfreiheit.

Nach diesen Erläuterungen beschreiben wir den

Algorithmus der dynamischen Optimierung zur Lösung der Aufgabe (4.14)

1. Wir setzen $F_{T+1}(0) := 0$.

2. Für alle $t = T, T-1, \ldots, 1$ berechnen wir

a) $F_t(0) = \min\{c_t(\overline{B}_{tr}) + F_{t+1}(\overline{B}_{tr} - B_t) : r = t, \ldots, T\}$
$\quad = c_t\big(x_t(0)\big) + F_{t+1}\big(x_t(0) - B_t\big)$ und

b) bei $t > 1$ und $\overline{B}_{tr} > 0$, $r = t, t+1, \ldots, T$,
$$F_t(\overline{B}_{tr}) = L_{t-1}(\overline{B}_{tr}) + F_{t+1}(\overline{B}_{tr} - B_t),\ x_t(\overline{B}_{tr}) := 0.$$

3. $F_1(0)$ ist der minimale Funktionswert

4. Wir setzen $x_1 := x_1(0)$ und $y_1 := x_1 - B_1$.

5. Für alle $t = 2, 3, \ldots, T$ setzen wir

$$x_t := x_t(y_{t-1}) \qquad \text{und} \qquad y_t := y_{t-1} + x_t - B_t .$$

Die erhaltene Lösung ist optimal

Wir illustrieren die Arbeitsweise des Algorithmus an dem folgenden Beispiel:

$$\begin{aligned}
&(8 \operatorname{sign} x_1 + 2x_1 + 2y_1) + (10 \operatorname{sign} x_2 + 4x_2 + 2y_2) + (5 \operatorname{sign} x_3 + 3x_3) \to \min, \\
&y_1 = x_1 - 2, \qquad x_1, x_2, x_3 \geqq 0, \\
&y_2 = y_1 + x_2 - 2, \qquad y_1, y_2 \geqq 0, \\
&0 = y_2 + x_3 - 2.
\end{aligned} \tag{4.21}$$

Hier gilt $B_{tt} = 2$, $B_{t,t+1} = 4$, $B_{t,t+2} = 6$. Die einzelnen Schritte des Algorithmus ergeben:

1. $F_4(0) := 0$.

2. $t := 3$. a) $F_3(0) = 5 + 6 = 11, \quad x_3(0) = 2.$

b) $F_3(2) = 4 + 0 = 4, \quad x_3(2) = 0.$

$t := 2$. a) $F_2(0) = \min\{10 + 8 + F_3(0), 10 + 16 + F_3(2)\}$

$= \min\{29, 30\} = 29, \quad x_2(0) = 2.$

b) $F_2(2) = 4 + F_3(0) = 15, \quad x_2(2) = 0.$

$F_2(4) = 8 + F_3(2) = 12, \quad x_2(4) = 0.$

$t := 1$. a) $F_1(0) = \min\{8 + 4 + F_2(0), 8 + 8 + F_2(2), 8 + 12 + F_2(4)\}$

$= \min\{41, 31, 32\} = 31, \quad x_1(0) = 4.$

3. $F_1(0) = 31$ ist der minimale Funktionswert.

4. $x_1 := 4, \quad y_1 := 2.$

5. $x_2 := x_2(2) = 0, \quad y_2 := 0, \quad x_3 := x_3(0) = 2, \quad y_3 := 0.$

Bei der gegebenen Kosten- und Bedarfsstruktur ist es optimal, den Bedarf der ersten beiden Perioden zusammen in der ersten Periode herzustellen.

4.2.2. Die gleiche Aufgabe kann auch mit dem in 3.3.3. beschriebenen Zugang gelöst werden, indem das äquivalente Problem des kürzesten Weges analysiert wird. Wegen $y_0 = y_T = 0$ kann die Aufgabe als Problem vom Typ (3.24) behandelt werden. Der Parameter y^0 ist hier mit $y^0 = y_0 = 0$ gegeben.

Für die Konstruktion der äquivalenten Aufgabe sind die Aufgaben (3.25) erforderlich. Wegen der Eigenschaft (4.13) erhalten wir die polynomiale Lösbarkeit dieser Aufgaben mit

$$c_{ij} = c_{i+1}(\overline{B}_{i+1,j}) + \sum_{t=i+1}^{j-1} L_t(\overline{B}_{t+1,j})$$

bei $B_j > 0$ oder $i + 1 = j$ und sonst $c_{ij} = +\infty$, da die Erfüllung der Forderung $y_t \neq y^0$ aus (3.25) nicht gewährleistet ist. Die triviale Lösbarkeit folgt aus der Tatsache, daß wegen der Forderung $y_t > 0$ für alle $t = i + 1, \ldots, j - 1$ die Variablen $x_t = 0$ sind, $t = i + 2,$

..., j, und nur x_{i+1} positiv sein kann. In der Periode $i + 1$ ist der Bedarf aller Perioden $i + 1, \ldots, j$ abzusichern. Das ist nur möglich, wenn $x_{i+1} := \overline{B}_{i+1,j}$ gesetzt wird. Gelagert werden muß dann in $i + 2$ die Menge $\overline{B}_{i+3,j}$, in $i + 3$ die Menge $\overline{B}_{i+4,j}$ usw.

Für das Beispiel (4.21) aus 4.2.1. erhalten wir das folgende Problem des kürzesten Weges (vgl. Abb. 4.1). Die im Modell des Algorithmus in 3.3.3. eingeführten Schranken lassen wir hier weg, da die Teilaufgaben (3.25) elementar gelöst werden.

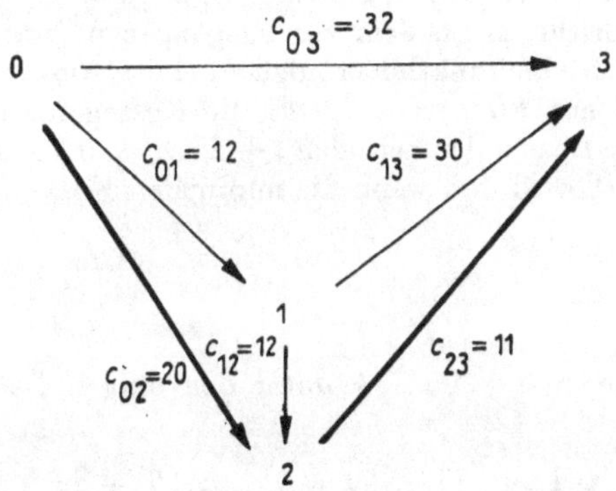

Abb. 4.1

Algorithmus zur Lösung des äquivalenten Problems des kürzesten Weges für die Aufgabe (4.14)

1. Wir setzen $F_T := 0$ und $t := T - 1$.

2. Wir setzen $k := t + 1$ und $f^* := +\infty$.

4. Bei $c_{tk} + F_k \geqq f^*$ gehen wir zu *5*, sonst setzen wir $f^* := c_{tk} + F_k$ und $k(t) := k$.

5. Bei $k < T$ setzen wir $k := k + 1$ und gehen zu *4*.

6. Wir setzen $F_t := f^*$. Bei $t \geqq 1$ setzen wir $t := t - 1$ und gehen zu *2*.

Tab. 4.1

t	k	c_{tk}	f^*	$k(t)$	F_t
3	—	—	—	—	0
2	3	11	11	3	11
1	2	18	29	2	—
1	3	30	29	2	29
0	1	12	41	1	—
0	2	20	31	2	—
0	3	32	31	2	31

7. Wir setzen $t_1 := 0$ und $i := 1$.

8. Wir setzen $t_{i+1} := k(t_i)$.

9. Bei $t_{i+1} = T$ beenden wir den Prozeß, sonst setzen wir $i := i + 1$ und gehen zu *8.*

Im obigen Beispiel haben wir den Ablauf des Algorithmus nach Tab. 4.1, gewinnen den kürzesten Weg $t = (0, 2, 3)$ und erhalten die gleiche optimale Lösung wie in 4.2.1.

4.2.3. Wir betrachten nun die Aufgabe (4.14) mit der speziellen Zielfunktion (4.15), d. h. faktisch die Aufgabe (4.19) mit hinreichend großen Parametern y_t^+, $t = 1, 2, \ldots, T$.

Für dieses Problem kann der Algorithmus aus dem vorangegangenen Punkt verwendet werden. Die Struktur der Parameter der Zielfunktion ermöglicht einige Aussagen zur effektiven Abarbeitung. Wir bezeichnen mit $F(t, k) = c_{tk} + F_k$ die Kosten für die Perioden $t + 1, \ldots, T$, die auftreten, wenn der Bedarf der Perioden $t + 1, \ldots, k$ auf einmal in $t + 1$ produziert und entsprechend gelagert wird und wenn die minimalen Kosten für die restlichen Perioden bekannt sind.

$$L(t, k) = \sum_{r=t+1}^{k-1} + L_r \bar{B}_{r+1,k}$$

seien die Lagerkosten für die Perioden $t + 1, \ldots, k$ unter den obigen Bedingungen.[5]) In diesen Bezeichnungen gilt

$$F_t = \min \{F(t, k) : k = t + 1, \ldots, T\}, \qquad t = 0, 1, \ldots, T - 1,$$

und bei $\bar{B}_{t+1,k} > 0$

$$c_{tk} = d_{t+1} + c_{t+1} \bar{B}_{t+1,k} + L(t, k), \quad 0 \leqq t < k \leqq T. \tag{4.22}$$

Wir verweisen noch auf die folgende Eigenschaft der Lagerkosten: Bei $t < k < l$ gilt

$$L(t, l) = L(t, k) + L(k, l) + \sum_{r=t+1}^{k} L_r \bar{B}_{k+1,l}. \tag{4.23}$$

So gilt im Beispiel (4.21) die Beziehung $L(0, 3) = L(0, 1) + L(1, 3) + L_1 \bar{B}_{23}$ mit $L(0, 3) = 12$, $L(0, 1) = 0$, $L(1, 3) = 4$ und $L_1 \bar{B}_{23} = 8$.

Nun sind wir in der Lage, die folgenden Aussagen über die optimale Lage der Parameter $k(t)$ im Algorithmus zu machen.

Satz 4.5. *Die Parameter B_t und $\bar{B}_{t+1,k(t)}$ seien positiv. Dann kann $k(t - 1)$ wie folgt gewählt werden:*

(i) $k(t - 1) \geqq k(t)$ *bei* $c_t + L_t \leqq c_{t+1}$ *und*

(ii) $k(t - 1) \leqq k(t)$ *bei* $c_t + L_t \geqq c_{t+1}$.

Beweis. (i) Wir führen den Beweis indirekt. Sei $k(t - 1) < k(t)$ und $F_{t-1} < F(t - 1, k(t))$. Damit ist ausgesagt, daß $k(t)$ kein optimaler Parameter zur Bestimmung von F_{t-1} ist. Auf Grund der Positivität des Bedarfs gilt

$$F_{t-1} = c_{t-1,k(t-1)} + F_{k(t-1)} < c_{t-1,k(t)} + F_{k(t)}$$

---

[5]) Diese Parameter stehen in keinem Zusammenhang zur Lagrange-Funktion aus dem Abschnitt 3.4.

und ausführlicher

$$
\begin{aligned}
c_t\overline{B}_{t,k(t-1)} + L(t-1, k(t-1)) + F_{k(t-1)} < c_t\overline{B}_{t,k(t)} \\
+ L(t-1, k(t)) + F_{k(t)}.
\end{aligned} \tag{4.24}
$$

Wegen (4.23) ergibt sich die Ungleichung

$$
F_{k(t-1)} - F_{k(t)} < \left(c_t + \sum_{r=t}^{k(t-1)} L_r\right) \overline{B}_{k(t-1)+1,k(t)} + L(k(t-1), k(t)). \tag{4.25}
$$

Wir betrachten zwei Möglichkeiten:

a) $k(t-1) = t$. Dann gilt

$$
F_t = d_{t+1} + c_{t+1}\overline{B}_{k(t-1)+1,k(t)} + L(k(t-1), k(t)) + F_{k(t)}.
$$

Zusammen mit (4.25) ergibt dies die Ungleichung

$$
\begin{aligned}
&c_{t+1}\overline{B}_{k(t-1)+1,k(t)} + L(k(t-1), k(t)) \\
&< c_t\overline{B}_{k(t-1)+1,k(t)} + L_t\overline{B}_{k(t-1)+1,k(t)} + L(k(t-1), k(t)).
\end{aligned} \tag{4.26}
$$

Dann folgt aus (4.26) die Ungleichung

$$
c_{t+1} < c_t + L_t,
$$

die im Widerspruch zur Vorraussetzung in (i) steht. Daraus ergibt sich, daß entweder $k(t-1) = k(t)$ oder $F_{t-1} = F(t-1, k(t))$ gilt.

b) $k(t-1) > t$. Hier ist $k(t-1)$ eine zulässige Lösung zur Bestimmung von F_t, und es gilt

$$
F_t \leqq d_{t+1} + c_{t+1}\overline{B}_{t+1,k(t-1)} + L(t, k(t-1)) + F_{k(t-1)}.
$$

Aus dieser Ungleichung ergibt sich

$$
\left(c_{t+1} + \sum_{r=t+1}^{k(t-1)} L_r\right) \overline{B}_{k(t-1)+1,k(t)} + L(k(t-1), k(t)) \leqq F_{k(t-1)} - F_{k(t)},
$$

d. h. zusammen mit der Beziehung (4.25) also die Ungleichung (4.26) und der gleiche Widerspruch wie im Fall a).

(ii) In dieser Situation führen wir den Beweis wieder indirekt. Entgegen dem zu Beweisenden gelte $k(t-1) > k(t)$ und $F_{t-1} < F(t-1, k(t))$.

Wie im ersten Teil des Beweises gilt die Ungleichung (4.24) und daraus folgend

$$
\left(c_{t+k} + \sum_{r=t}^{k(t)} L_r\right) \overline{B}_{k(t)+1,k(t-1)} + L(k(t), k(t-1)) < F_{k(t)} - F_{k(t-1)}. \tag{4.27}
$$

Aus $F_t \leqq d_{t+1} + c_{t+1}\overline{B}_{t+1,k(t-1)} + L\big(t, k(t-1)\big) + F_{k(t-1)}$ erhalten wir die Gleichung

$$F_{k(t)} - F_{k(t-1)} \leqq \left(c_{t+1} + \sum_{r=t+1}^{k(t)} L_r\right) \overline{B}_{k(t)+1,k(t-1)} + L\big(k(t), k(t-1)\big).$$

Zusammen mit der Beziehung (4.27) führt das zu

$$(c_t + L_t)\, \overline{B}_{k(t)+1,k(t-1)} < c_{t+1}\overline{B}_{k(t)+1,k(t-1)}.$$

Auf Grund gleicher Überlegungen wie im Teil (i) entsteht mit $c_t + L_t < c_{t+1}$ ein Widerspruch zur Voraussetzung. Damit ist der Satz bewiesen. ∎

Aus dem Satz ergibt sich unter anderem die Schlußfolgerung, daß bei $c_t + L_t = c_{t+1}$ der Parameter $k(t-1) = k(t)$ gewählt werden kann. Ökonomisch gesehen heißt das, daß nach linearen Kosten die Produktion und Lagerung in der Periode t genauso teuer wie die Herstellung in der Periode $t+1$ ist und somit die Vorverlagerung der Produktion von der Periode $t+1$ in die Periode t zu keiner Veränderung der Kosten führt. Natürlich können die konstanten Kosten unterschiedlich sein. Das spielt jedoch keine Rolle. Da wir wegen $B_t > 0$ in t mit der Produktion gezwungenermaßen anfangen müssen, treten die Kosten d_t unabhängig von der gewählten Lösung $k(t-1)$ auf.

Ist der Bedarf nicht positiv, so ist die Aussage des Satzes nicht gesichert. Für ein Problem mit $T = 2$, $B_1 = 0$, $B_2 = 1$, $c_1 = 1$, $c_2 = 5$, $L_1 = L_2 = 1$, $d_1 = 10$, und $d_2 = 1$ gilt

$$F_2 := 0,\ k(2) := 2,\ F_1 = F(1, 2) = 6,\ k(1) = 2 \text{ und } F_0 = F(0, 1) = 6$$
$$< F(0, 2) = 12,\ k(0) < k(1).$$

Deshalb beschreiben wir den

Algorithmus zur Lösung des äquivalenten Problems des kürzesten Weges der Aufgabe (4.14) (4.15) mit positivem Bedarf

1. Wir setzen $F_T := 0$, $k(T) := T$, $c_{T+1} := c_T$ und $t := T - 1$.

2. a) Bei $c_{t+1} + L_{t+1} = c_{t+2}$ setzen wir $k(t) := k(t+1)$, $f^* := c_{t,k(t)} + F_{k(t)}$ und gehen zu *6*.

b) Bei $c_{t+1} + L_{t+1} > c_{t+2}$ setzen wir $f^* := +\infty$, $k := t + 1$, $T^* := k(t+1)$ und gehen zu *4*.

c) Bei $c_{t+1} + L_{t+1} < c_{t+2}$ setzen wir $f^* := +\infty$, $k := k(t+1)$, $T^* := T$ und gehen zu *4*.

4. Bei nichtdefiniertem F_k oder $c_{tk} + F_k \geqq f^*$ gehen wir zu *5*, sonst setzen wir $f^* := c_{tk} + F_k$ und $k(t) := k$.

5. Bei $k < T^*$ setzen wir $k := k + 1$ und gehen zu *4*.

6. Wir setzen $F_t := f^*$. Bei $t \geqq 1$ setzen wir $t := t - 1$ und gehen zu *2*.

Die Schritte *7* bis *9* laufen genauso ab wie im Algorithmus in 4.2.2.

Wir lösen das Beispiel (4.21) noch einmal mit diesem Algorithmus (vgl. Tab. 4.2). Dies zeigt, welche Einsparungen des Rechenaufwandes möglich sind. Ein Vergleich mit Abb. 4.1 zeigt, daß die Bögen (0, 3) und (0, 1) nicht betrachtet werden.

Tab. 4.2

t	k	c_{tk}	f^*	$k(t)$	F_t
3	—	—	—	3	0
2a)	3	11	11	3	11
1b)	2	18	29	2	—
1	3	30	29	2	29
0a)	3	20	31	2	31

4.2.4. Wir modifizieren nun den eben beschriebenen Algorithmus für die Lösung der Aufgabe (4.19). Diese Aufgabe zeichnet sich durch zwei Merkmale besonders aus: Die Lagermöglichkeiten sind in jeder Periode beschränkt, und die linearen Kosten genügen den Ungleichungen

$$c_t + L_t \geqq c_{t+1}, \qquad t = 1, 2, \ldots, T-1.$$

Nach dem Satz 4.4 hat diese Aufgabe eine optimale Basislösung mit der Struktur (4.11). Deshalb entspricht der Aufgabe gleichfalls eine äquivalente Aufgabe des kürzesten Weges, in der nur diejenigen Böden entfernt sind, die wegen einer Überschreitung der Vorratsbeschränkung zu einer unzulässigen Lösung führen.

Zur Illustration fügen wir zum Beispiel (4.21) die Vorratsbeschränkungen $y_j \leqq y_t^+$, $t = 1, 2$, mit $y_1^+ = 1$ und $y_2^+ = 2$ hinzu. Da wir uns auf die Suche nach einer optimalen Basislösung mit der Eigenschaft (4.13) beschränken, muß aus den Lösungen

$$x_1 = 2, \quad x_2 = 4, \quad x_3 = 0, \quad y_1 = 0, \quad y_2 = 2, \quad y_0 = y_3 = 0$$

und

$$x_1 = 2, \quad x_2 = 2, \quad x_3 = 2, \quad y_1 = 0, \quad y_2 = 0, \quad y_0 = y_3 = 0$$

die optimale herausgesucht werden, da nur sie den Vorratsbeschränkungen gerecht werden.

Ob eine Lösung mit der Eigenschaft (4.13) zulässig ist, hängt davon ab, inwieweit die Teile der Lösung mit

$$x_t = \overline{B}_{tr}, x_{t+1} = \cdots = x_r = 0, \qquad y_t = \overline{B}_{t+1,r}, \ldots, y_{r-1} = B_r,$$
$$y_r = 0$$

den oberen Schranken gerecht werden. Deshalb bestimmen wir für jedes $t = 0, 1, \ldots, T-1$ einen maximalen Index $r(t)$, für den $r(t) = \max\{r \geqq t+1 : \overline{B}_{s+1,r} \leqq y_s^+, s = t+1, \ldots, r-1\}$ gilt. Der Parameter $r(t)$ drückt aus, für wieviele Perioden voraus die Lagerkapazität eine Produktion in $t+1$ erlaubt.

Die Struktur der Kostenparameter, die wir gemäß (4.17) vorausgesetzt hatten, gestattet eine analoge Aussage wie im Satz 4.5. Wenn F_t die minimalen Kosten für die Perioden

$t + 1, \ldots, T$ bezeichnet, so gilt

$$\begin{aligned} F_t &= \min \{F(t, k) : k = t + 1, \ldots, \min (r(t), k(t + 1))\} \\ &= F(t, k(t)), \qquad t = 0, 1, \ldots, T, \end{aligned} \tag{4.28}$$

wobei $F_T = 0$ ist. Auf die exakte Beschreibung eines Algorithmus verzichten wir hier. In unserem Beispiel liefert das Schema (4.28) das in Tab. 4.3 enthaltene Ergebnis.
Als kürzesten Weg erhalten wir $t = (0, 1, 2, 3)$, d. h., die zweite angegebene Lösung ist optimal.

Tab. 4.3

t	$r(t)$	k	c_{tk}	$k(t)$	F_t
3	—	—	—	—	0
2	3	3	11	3	11
1	3	2	18	2	—
1	3	3	30	2	29
0	1	1	12	1	41

4.2.5. Als letzte konkrete Aufgabe untersuchen wir das Problem (4.16). Auch dieser Aufgabe läßt sich nach 3.3.3. eine äquivalente Aufgabe der Bestimmung des kürzesten Weges zuordnen. Gemäß Satz 4.4 beschränken wir uns auf Lösungen mit der Eigenschaft (4.18). Die Teilaufgaben zur Bestimmung der Parameter c_{tk} haben die Gestalt

$$\begin{aligned} c_{tk} = \min \Bigg\{ & \sum_{i=t+1}^{k} (d_i \operatorname{sign} x_i + c_i x_i + L_i y_i) : y_i = y_{i-1} + x_i - B_i, \\ & i = t + 1, \ldots, k, \; y_t = y_k = 0, \; y_i > 0, \\ & i = t + 1, \ldots, k - 1, \; x_i \in \{0, x_i^+\}, \; i = t + 2, \ldots, k \Bigg\}, \\ & 0 \leqq t < k \leqq T. \end{aligned} \tag{4.29}$$

Diese Aufgaben sind dynamische Aufgaben der diskreten Optimierung. Für ihre Lösung kann der Zugang der impliziten Enumeration aus 3.3.2. eingesetzt werden. Somit läßt sich ein Verfahren konstruieren, in dem der Algorithmus zur Bestimmung des kürzesten Weges mit einem Algorithmus der impliziten Enumeration zur Festlegung der Kostenparameter des Problems des kürzesten Weges gekoppelt wird. Nun wird es verständlich, daß die Verwendung von unteren Schranken im Algorithmenmodell 3.3.3. notwendig ist, um die Anzahl der zu lösenden Aufgaben (4.29) zu reduzieren.

Die im Algorithmus des kürzesten Weges benutzten oberen Schranken f^* finden auch in der Richtung Verwendung, daß sie als obere Schranken in den Aufgaben (4.29) selbst auftreten. Nehmen wir an, die Parameter c_{tk} für $k = t + 1, \ldots, r$ seien schon berechnet, und es gelte

$$f^* = \min \{c_{tk} + F_k : k = t + 1, \ldots, r\}. \tag{4.30}$$

Dann ist die Bestimmung des Wertes $c_{t,r+1}$ nur interessant, wenn $c_{t,r+1} + F_{r+1} < f^*$ ist. Folglich liegt eine obere Schranke $f^* - F_{r+1}$ vor, die unterboten werden muß. Gelingt es zu zeigen, daß $c_{t,r+1}$ diese Schranke nicht unterschreiten kann, geht man gleich zur Bestimmung von $c_{t,r+2}$ über.

An dieser Stelle verzichten wir auf die Beschreibung des Algorithmus. Dafür verweisen wir auf einige Erfahrungen der Arbeit mit einem entsprechenden Algorithmus. Es zeigte sich, daß bei allen gelösten Aufgaben der Dimension $T \in [8, 48]$ nur wenige Aufgaben vom Typ (4.29) wirklich gelöst werden mußten. Bei der größten Anzahl dieser Aufgaben stellte sich sehr schnell die Unlösbarkeit heraus. Die Rechenzeiten mit einem FORTRAN-Programm auf der EDVA ES 1020 bewegten sich von 0,5 s bis zu etwa 20 s. Für die Aufgabe (4.16) mit den Parametern aus Tab. 4.4 lieferte das FORTRAN-Programm die optimale Lösung

Tab. 4.4

$t =$	1	2	3	4	5	6	7	8
B_t	10	8	4	5	2	10	3	1
x_t^+	15	10	8	8	8	20	5	2
y_t^+	5	7	7	7	7	10	10	10
d_t	10	10	50	50	50	50	50	50
c_t	0	0	0	0	0	0	0	0
L_t	2	2	2	2	2	2	2	2

$$\begin{array}{lll} x_1 = 12, y_1 = 2, & x_4 = 7, \; y_4 = 2, & x_7 = 0, y_7 = 1, \\ x_2 = 10, y_3 = 4, & x_5 = 0, \; y_5 = 0, & x_8 = 0, y_8 = 0, \\ x_3 = 0, \; y_3 = 0, & x_6 = 14, y_6 = 4 & \end{array}$$

mit dem Funktionswert von 146 Einheiten in der Zeit von 0,46 s.

Die Lösung setzt sich aus drei Teilstücken mit den Perioden {1, 2, 3}, {4, 5} und {6, 7, 8} zusammen. Innerhalb dieser Teilstücken gilt jeweils außer in der ersten Periode $x_t = 0$ oder $x_t = x_t^+$. Die Vorräte sind in den enstprechenden Perioden positiv. Somit gilt (4.18).

4.3. Allgemeinere eindimensionale Aufgaben

4.3.1. In den bisherigen Abschnitten des Kapitels haben wir zu zeigen versucht, wie dynamische Aufgaben der diskreten Optimierung entstehen und wie sie durch den Einsatz verschiedener Lösungsprinzipien bearbeitet werden können. Die beschriebenen Probleme erschöpfen in keiner Weise die Vielfalt der möglichen Aufgabenstellungen. Wir hoffen, durch diese Darlegungen den Leser zu analogen Untersuchungen bei der Lösung konkreter dynamischer Aufgaben anzuregen.

Liegen eindimensionale Aufgaben unbestimmter Struktur vor, so kann man deren Lösung in zwei Richtungen angehen. Der erste Weg besteht darin, daß man die verschiedenen Eigenschaften der Funktionen, Transformationen und Parameter ausnutzt. Der zweite Weg führt zur unmittelbaren Umsetzung der Algorithmenmodelle aus 3.3.1. bis 3.3.3. mit all den angedeuteten Problemen. Diese Vorgehensweise ergibt bei ihrer Realisierung für eindimensionale Aufgaben keine wesentlich neuen Aussagen gegenüber den im Abschnitt 3.3. gemachten. Deshalb verzichten wir hier auf detailliertere Ausführungen.

4.3.2. Von Interesse für die weiteren Darlegungen ist die modifizierte Aufgabe vom Typ (4.14), die dadurch entsteht, daß für gewisse Perioden $t \in T_0 \subset \{1, 2, \ldots, T\}$ die Variablen $x_t = 0$ sein sollen. Diese zusätzliche Bedingung hat auf die Algorithmen 4.2.1. und 4.2.2. nur insofern Auswirkungen, als daß im Algorithmus der diskreten dynamischen Optimierung bei $t \in T_0$ nur der Schritt 2b) realisiert und $F_t(0) := +\infty$ gesetzt wird und daß im Algorithmus zur Lösung des äquivalenten Problems des kürzesten Weges von vornherein

$$c_{t-1,j} := c_{i,t-1} := +\infty \qquad \text{für alle} \qquad i < t-1 < j$$

gesetzt wird. Dadurch kann der Fall $x_t > 0$ nicht auftreten.

Wir skizzieren den Ablauf des Algorithmus 4.2.2. zur Lösung der Aufgabe (4.21) bei $T_0 = \{3\}$, d. h. $x_3 = 0$. Dann gilt $c_{02} := c_{12} := c_{23} := +\infty$. Im Algorithmus ist der kürzeste Weg für das folgende Problem (vgl. Abb. 4.2) zu bestimmen. Wir erhalten den kürzesten Weg $t = (0, 3)$ mit dem Funktionswert 32.

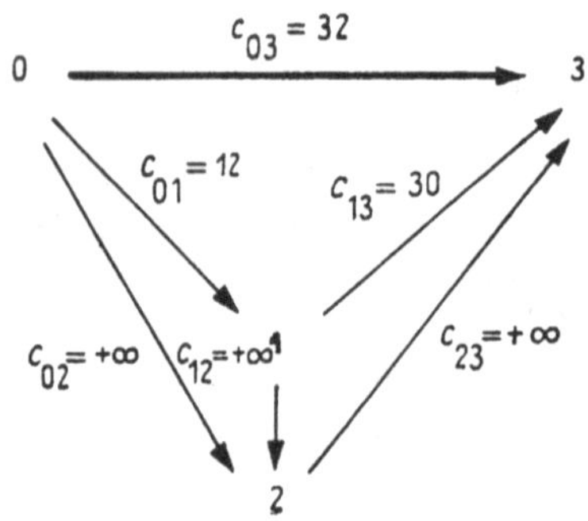

Abb. 4.2

Aufgaben dieses Typs benötigen wir im Abschnitt 5.3.

4.3.3. Wir widmen uns noch kurz den sogenannten *Tornisterproblemen*, die als Hilfsaufgaben zur Schrankenberechnung im sechsten Kapitel eine wichtige Rolle spielen. Als Tornisterproblem bezeichnen wir hier die Aufgabe

$$\begin{aligned} &\sum_{t=1}^{T} c_t x_t \to \min, \\ &\sum_{t=1}^{T} v_t x_t \geqq b, \qquad x_t = 1, 0, 2, \ldots, \qquad t = 1, 2, \ldots, T. \end{aligned} \tag{4.31}$$

Die Parameter der Aufgabe seien nichtnegativ, die Variablen x_t müssen ganzzahlige Werte annehmen.

Für uns ist die folgende Interpretation der Aufgabe nützlich: Es liegen T Varianten der Kapazitätserweiterung eines Objekts vor, dessen Kapazität um b Einheiten erhöht werden soll. Die t-ten Varianten zeichnen sich durch die Kapazität v_t und den finanziellen Aufwand zu deren Realisierung c_t aus. Es ist festzulegen, wie oft die einzelnen Varianten zu verwirklichen sind, damit die Kapazität nicht geringer als die geforderte Schranke ist und der gesamte Aufwand minimiert wird.

Die Aufgabe (4.31) ist äquivalent der folgenden speziellen eindimensionalen dynamischen markowschen Aufgaben der diskreten Optimierung:

$$\begin{aligned}&\sum_{t=1}^{T} c_t x_t \to \min,\\ &y_t = y_{t-1} - v_t x_t, \qquad x_t = 0, 1, 2, \ldots,\\ &y_0 \geqq b, y_T = 0, \qquad t = 1, 2, \ldots, T.\end{aligned} \tag{4.32}$$

In dieser Aufgabe ist der Anfangszustand y_0 nicht fest, sondern nur nach unten beschränkt. Die Äquivalenz der beiden Aufgaben folgt aus analogen Überlegungen wie in 2.2.4. Für die Aufgabe (4.32) läßt sich das Modell des Algorithmus der diskreten dynamischen Optimierung konkretisieren. Wir verzichten an dieser Stelle auf die Darlegung des Algorithmus und illustrieren die Vorgehensweise der Lösung an einem Beispiel.

Es sei die Aufgabe

$$\begin{aligned}&5x_1 + 6x_2 \to \min,\\ &2x_1 + 3x_2 \geqq 5,\\ &x_1, x_2 = 0, 1, 2, \ldots,\end{aligned} \tag{4.33}$$

gegeben. Als äquivalente Aufgabe haben wir dann

$$\begin{aligned}&5x_1 + 6x_2 \to \min,\\ &y_1 = y_0 - 2x_1, \qquad y_2 = 0 = y_1 - 3x_2,\\ &y_0 \geqq 5, \qquad x_1, x_2 = 0, 1, 2, \ldots\end{aligned}$$

Welche Zustände sind für uns in den einzelnen Stufen interessant? Wegen $y_2 = 0$ folgt sofort $\mathring{Y}_1 = \{0, 3, 6, \ldots\}$. Wir wenden die Rekursionsbeziehungen (3.17) an und erhalten

$$F_2(y) = \begin{cases}\min \{6x_2 : 3x_2 = y, x_2 = 0, 1, 2, \ldots\} & \text{bei } y \in \dot{Y}_1,\\ +\infty & \text{sonst}\end{cases}$$

und

$$F_1(5) = \min \{F_1^*(y) : y = 5, 6, 7, \ldots\}$$

bei $F_1^*(y) = \min \{5x_1 + F_2(y - 2x_1) : x_1 = 0, 1, 2, \ldots\}, \qquad y = 5, 6, 7, \ldots$

Tab. 4.5

y	$F_2(y)$	$x_2(y)$	$F_1(y)$	$x_1(y)$
0	0	0	0	0
1	$+\infty$	—	5	1
2	$+\infty$	—	5	1
3	6	1	6	0
4	$+\infty$	—	10	2
5	$+\infty$	—	11	1
6	12	2	12	0

Den Lösungsprozeß der Aufgabe (4.33) kann man in der Tab. 4.5 verfolgen. Dort sind alle die Zustände y aufgenommen worden, die in den beiden Stufen auftreten können. Obwohl die Variablen nach oben unbeschränkt sind, genügen uns wegen der Minimierung der Zielfunktion endlich viele Werte. Deshalb treten auch nur endlich viele Zustände in der Tabelle auf. Bei $b = 5$ ergibt sich

$$F_1^*(5) = \min \{5x_1 + F_2(5 - 2x_1) : x_1 = 0, 1, 2, \ldots\} = 11 \quad \text{bei } x_1 = 1,$$

$$F_1^*(6) = \min \{5x + F_2(6 - 2x) : x = 0, 1, 2, \ldots\} = 12 \quad \text{bei } x_1 = 0,$$

und damit

$$F_1(5) = \min \{F_1^*(5), F_1^*(6)\} = 11.$$

Gleichzeitig enthält die Tabelle alle Informationen, aus denen die Veränderungen der minimalen Funktionswerte bei einer Variation des Parameters b abgelesen werden können. Die vierte Spalte der Tabelle liefert uns ohne wesentlich neuen Aufwand die Werte

$$F_1(0) = 0,\ F_1(1) = F_1(2) = 5,\ F_1(3) = 6,\ F_1(4) = 10,\ F_1(5) = 11.$$

Diese Eigenschaft der Algorithmen der diskreten dynamischen Optimierung erweist sich im 6. Kapitel als sehr nützlich.

4.3.4. Wir beschließen das 4. Kapitel mit einigen Ausführungen zur Kompliziertheit der Aufgaben. Die Algorithmen zur Lösung der Aufgaben (4.14) und (4.19) haben als Algorithmen des kürzesten Wegs einen polynomialen Aufwand. Deshalb gehören beide Probleme zur Klasse P. Für die Aufgabe (4.16) läßt sich ein solcher Spezialfall angeben, auf den ein beliebiges Tornisterproblem reduziert werden kann. Folglich ist die Aufgabe NP-schwierig.

5. Lösung separabler dynamischer Aufgaben

In diesem Kapitel beschäftigen wir uns mit der Lösung von Aufgabenklassen, für die die Probleme (2.2) und (2.3) aus dem 2. Kapitel typische Vertreter sind. Wir führen hier die Darlegung im wesentlichen beispielbezogen und verweisen nur am Ende jedes Abschnitts auf mögliche Verallgemeinerungen.

Prinzipiell sind die Zugänge der dynamischen Optimierung 3.3.1. und der Lösung des äquivalenten Problems des kürzesten Weges auch für die Lösung separabler Aufgaben anwendbar. Als realisierbar vom numerischen Standpunkt aus gesehen haben sich jedoch die Zugänge der *impliziten Enumeration* 3.3.2., der *Dekomposition* 3.2.5. und der *Dualisierung* 3.4.2. erwiesen. Wir konkretisieren diese Methoden für die Aufgaben (2.2) und (2.3) bzw. (2.8) und (2.10).

5.1. Dualisierung und näherungsweise Lösung horizontal separabler Aufgaben

5.1.1. Das Mehrproduktmodell der Produktionsplanung

$$\begin{aligned}
&\sum_{t=1}^{T}\sum_{j=1}^{m} (d_{jt} \operatorname{sign} x_{jt} + L_j y_{jt}) \to \min, \\
&y_{jt} = y_{j,t-1} + x_{jt} - B_{jt}, \qquad x_{jt}, y_{jt} \geqq 0, \\
&j = 1, 2, \dots, m, \qquad t = 1, 2, \dots, T, \\
&\sum_{j=1}^{m} (a_j x_{jt} + h_{jt} \operatorname{sign} x_{jt}) \leqq P_t, \\
&\sum_{j=1}^{m} b_j y_{jt} \leqq A_t, \qquad t = 1, 2, \dots, T, \\
&y_{j0} = y_{jT} = 0, \qquad j = 1, 2, \dots, m,
\end{aligned} \tag{2.2}$$

ist vordergründig keine Aufgabe der diskreten Optimierung. Die Zielfunktion und die Zeitfondrestriktionen werden durch konkave Funktionen charakterisiert, die im Nullpunkt im allgemeinen nicht stetig sind. Damit ist diese Aufgabe der Aufteilung der Produktion mehrerer Produkte auf T Perioden unter den Bedingungen der Bedarfsbefriedigung, beschränkter Zeitfonds und Lagerkapazität und der Kostenminimierung eine Aufgabe der *nichtkonvexen* Optimierung. Nach Abschnitt 2.2. läßt sich diese Aufgabe, falls wir die Produktionsmengen x_{jt} aus endlichen Mengen auswählen, als horizontal separable Aufgabe vom Typ (2.8) darstellen. Welche Ansatzpunkte für eine *Diskretisierung* der Steuerbereiche für x_{jt} haben wir?

Wenn die Zeitfonds für alle Perioden hinreichend groß sind, werden diese Bedingungen redundant, und es bleiben die linearen Beschränkungen übrig. Der entsprechende Lösungsbereich ist ein konvexes Polytop. Die Zielfunktion ist konkav als Summe von konkaven Funktionen. Deshalb genügt es, in der Aufgabe ohne Fondslimitierung, die wir mit (2.2′) bezeichnen wollen, die optimale Lösung unter den Extremallösungen des Bereiches zu suchen. Es besteht ein gewisser Zusammenhang zur Aufgabe (4.19), denn (2.2′) verallgemeinert dieses Problem auf den Fall mehrerer Produkte. Die linearen Produktionskosten sind in (2.2′) gleich Null. Damit gilt für jedes j-te Produkt in der Aufgabe (2.2′) die Beziehung (4.17) trivialerweise. Es kann wie im Satz 4.4 gezeigt werden, daß eine optimale Lösung von (2.2′) mit der Eigenschaft (4.11) bzw. (4.13) für jedes j-te Produkt existiert. In unserer Symbolik heißt das, daß eine optimale Lösung mit der Eigenschaft (2.12)

$$x_{jt} \in \{\overline{B}_{jtt}, \overline{B}_{j,t,t+1}, \dots, \overline{B}_{jtT}\} \qquad \text{bei} \qquad y_{j,t-1} = 0$$

und

$$x_{jt} = 0 \qquad \text{bei} \qquad y_{j,t-1} > 0,$$

bei

$$\overline{B}_{jts} = \sum_{r=t}^{s} B_{jr}, \qquad j = 1, 2, \dots, m, \qquad 1 \leqq t \leqq s \leqq T,$$

zu bestimmen ist.

Für die Aufgabe (2.2) ist die Existenz einer obigen optimalen Lösung nur unter speziellen Bedingungen gesichert. Wir beschränken uns trotzdem auf Lösungen mit der Struktur (2.12), d. h., wir betrachten die neue Aufgabe (2.2), (2.12). Das ist dann eine markowsche leontiewsche horizontal separable dynamische Aufgabe der diskreten Optimierung.

Das Hinzufügen dieser zusätzlichen Restriktionen (2.12) zu (2.2) läßt sich auch folgendermaßen motivieren. Bei der näherungsweisen Lösung der Aufgabe (2.2) mit dem dualen Zugang werden die Fonds- und Kapazitätsbeschränkungen in die Lagrangefunktion aufgenommen. Als zulässiger Bereich bleibt dann die Menge aller Lösungen, die durch die Bilanzgleichungen und durch die Nichtnegativitätsforderungen definiert sind. Die Extremalpunkte dieser Menge weisen in Analogie zu den Untersuchungen des Abschnitts 4.1. genau die Eigenschaft (2.12) auf. Damit liefern Näherungsverfahren von diesem Typ Lösungen, wie sie von uns bestimmt werden.

5.1.2. Wir beschreiben nun eine zu (2.2) duale Aufgabe, in der wir die Fonds- und Kapazitätsbeschränkungen in die Lagrangefunktion aufnehmen. Wir stellen fest, daß die Aufgabe (2.2) (2.12) in den Aufgabentyp (3.13) eingeordnet werden kann. Dafür interpretieren wir die Funktionen f_i als Kostenfunktionen für i-te Produkte über T Perioden, X_i als Menge der zulässigen Lösungen der i-ten Produkte, g_i als den Fonds- und Kapazitätsaufwand und b als den Vektor der Zeitfonds und der Lagerkapazität. Wir betonen somit die Separabilität der Aufgabe bezüglich der Produkte und nicht bezüglich der Perioden.

Wir bezeichnen mit u_t und w_t die zu den Fonds bzw. Kapazitäten gehörigen Variablen der dualen Aufgabe. Nach (3.30) erhalten wir die Lagrangefunktion

$$\begin{aligned} &L(x, u, w) = \\ &= \sum_{j=1}^{m} \left(\sum_{t=1}^{T} (d_{jt} + h_{jt}u_t) \operatorname{sign} x_{jt} + a_j u_t x_{jt} + (L_j + b_j w_t)\, y_{jt} \right) \\ &\quad - \sum_{t=1}^{T} (P_t u_t + A_t w_t). \end{aligned} \tag{5.1}$$

Wie in der Aufgabe (3.31) ist diese Funktion über der Menge der Lösungen

$$\begin{aligned} &y_{jt} = y_{j,t-1} + x_{jt} - B_{jt}; \\ &x_{jt} \in \{\overline{B}_{jtt}, \ldots, \overline{B}_{jtT}\} \quad \text{bei} \quad y_{j,t-1} = 0, \\ &x_{jt} = 0 \quad \text{bei} \quad y_{j,t-1} > 0, \\ &y_{j0} = y_{jT} = 0, \quad j = 1, 2, \ldots, m, \quad t = 1, 2, \ldots, T, \end{aligned} \tag{5.2}$$

zu minimieren. Diese Aufgabe zerfällt wie in (3.37) in m unabhängige Teilaufgaben, da das Problem durch Restriktionen, in denen mehrere Produkte auftreten, nicht mehr zusammenhängt. Die entstehenden Teilaufgaben sind Aufgaben vom Typ (4.14), (4.15).

Die Lagrangefunktion (5.1) unterscheidet sich von der Zielfunktion der Aufgabe (2.2) dadurch, daß bei $u_t > 0$ bzw. $w_t > 0$ zusätzliche Fixkosten $h_j u_t$, lineare Kosten $a_j u_t$ und Lagerkosten $b_j w_t$ auftreten. Gewöhnlich interpretiert man die Lagrangemultiplikatoren u_t und w_t als *Bewertungen* einer Einheit des Zeitfonds und der Lagerkapazität in der t-ten

Periode, die durch die *Beschränktheit* der Ressourcen bedingt sind. Die „zusätzlichen Kosten“ werden als Aufschlag für die Benutzung der Ressourcen angesehen. Die Differenzen

$$\Delta_t^1 = \sum_{j=1}^{m} (h_j u_t \operatorname{sign} x_{jt} + a_j u_t x_{jt}) - P_t u_t$$

und

$$\Delta_t^2 = \sum_{j=1}^{m} b_j y_{jt} w_t - A_t w_t, \qquad t = 1, 2, \ldots, m,$$

sind bei $\Delta_t^1, \Delta_t^2 > 0$ als *Strafen* für die Überschreitung der Fonds bzw. der Kapazität in der t-ten Periode zu werten.

Nach dieser Interpretation widmen wir uns der Formulierung der dualen Aufgabe. Wir setzen $d_{jt}(u) = d_{jt} + h_j u_t$, $c_{jt}(u) = a_j u_t$ und $L_{jt}(w) = L_j w_t$, $j = 1, 2, \ldots, m$, $t = 1, 2, \ldots, T$. Dann ergibt die Minimierung der Funktion (5.1) auf der Menge (5.2)

$$L(u, w) = \sum_{j=1}^{m} F_{j0}(u, w) - A(u, w) \tag{5.3}$$

mit

$$\begin{aligned} F_{j0}(u, w) = \min \Bigg\{ \sum_{t=1}^{T} \big(d_{jt}(u) \operatorname{sign} x_{jt} + c_{jt}(u)\, x_{jt} + L_{jt}(w)\, y_{jt}\big)&: x_{jt}, y_{jt} \\ \geqq 0,\ y_{jt} = y_{jt,-1} + x_{jt} - B_{jt},\ t = 1, 2, \ldots, T,\ y_{j0} = y_{jT} = 0 &\Bigg\}, \end{aligned} \tag{5.4}$$

$j = 1, 2, \ldots, m$, und

$$A(u, w) = \sum_{t=1}^{T} (P_t u_t + A_t w_t).$$

Die Aufgaben (5.4) sind Probleme vom Typ (4.14). Für diese Aufgaben ist nach dem Satz 4.3 die Existenz einer optimalen Lösung mit (2.12) gesichert. Deshalb nehmen wir diese Forderungen nicht explizit in die Problemformulierung auf.

Die duale Aufgabe zu (2.2) bzw. zu (2.2), (2.12) ist dann

$$L(u, w) \to \max, \qquad u_t, w_t \geqq 0, \qquad t = 1, 2, \ldots, T. \tag{5.5}$$

Diese Aufgabe können wir mit den Methoden aus Abschnitt 3.4. lösen. Bei der Realisierung dieser Zugänge sind sowohl im Fall der Spaltengenerierung als auch der Subgradientenmethode bei festen u_t und w_t anstelle der Aufgaben (3.37) die eindimensionalen Probleme (5.4) für alle j zu lösen.

Nach Abschnitt 4.2. lassen sich die Werte $F_{j0}(u, w)$ mit dem Algorithmus zur Lösung der Aufgabe (4.14) bestimmen, indem, ausgehend von $F_{jT}(u, w) = 0$, die Rekursionsbeziehungen

$$F_{j,t-1}(u, w) = \min \{c_{j,t-1,r}(u, w) + F_{jr}(u, w) : r = t, t + 1, \ldots, T\} \tag{5.6}$$

mit

$$c_{j,t-1,r}(u, w) = d_{jt}(u) \operatorname{sign} \overline{B}_{jtr} + c_{jt}(u) \overline{B}_{jtr} + \sum_{s=t}^{r-1} L_{js}(w) \overline{B}_{j,s+1,r},$$

$$0 \leqq t \leqq r \leqq T, \qquad j = 1, 2, \ldots, m,$$

verwirklicht werden.

Wir betrachten ein Beispiel der Aufgabe (2.2) mit zwei Perioden und drei Produkten. Der Einfachheit halber verzichten wir auf die Beschränkung der Lagerkapazität überhaupt und des Zeitfonds in der zweiten Periode. Es liege die Kostenfunktion

$$\begin{aligned}&(10 \operatorname{sign} x_{11} + 10 \operatorname{sign} x_{12} + 2y_{11}) + (8 \operatorname{sign} x_{21} + 8 \operatorname{sign} x_{22} + y_{21})\\ &+ (12 \operatorname{sign} x_{31} + 12 \operatorname{sign} x_{32} + 3y_{31})\end{aligned} \tag{5.7}$$

vor. Die Bedarfswerte $B_{1t} = B_{2t} = 2$ und $B_{3t} = 3$, $t = 1, 2$, die Aufwandskoeffizienten $a_j = 1$, $j = 1, 2, 3$, und der Zeitfonds der ersten Periode $P_1 = 12$ seien ebenfalls festgelegt. Die Produktionsmengen x_{jt} und die Vorräte y_{jt} sind so zu bestimmen, daß bei

$$\begin{aligned}&y_{j1} = x_{j1} - 2, \qquad 0 = y_{j1} + x_{j2} - 2, \qquad j = 1, 2,\\ &y_{31} = x_{31} - 3, \qquad 0 = y_{31} + x_{32} - 3, \qquad t = 1, 2,\\ &x_{11} + x_{21} + x_{31} \leqq 12\end{aligned} \tag{5.8}$$

der Funktionswert (5.7) minimal ist. Gemäß den Forderungen (2.12) sind die Produktionsmengen als

$$x_{j1} \in \{2, 4\}, \qquad x_{j2} \in \{0, 2\}, \qquad j = 1, 2, \qquad x_{31} \in \{3, 6\}, \qquad x_{32} \in \{0, 3\}$$

zu wählen. Die Analyse der Aufgabe (5.7), (5.8) zeigt, daß eine optimale Lösung

$$\begin{aligned}&x_{11} = 4, \quad y_{11} = 2, \quad x_{31} = 3, \quad y_{31} = 0, \quad x_{22} = 0, \quad y_{22} = 0,\\ &x_{21} = 4, \quad y_{21} = 2, \quad x_{12} = 0, \quad y_{12} = 0, \quad x_{32} = 3, \quad y_{32} = 0\end{aligned}$$

mit dem Funktionswert 48 vorliegt. Im nächsten Abschnitt ermitteln wir diese Lösung algorithmisch.

Wir lösen nun die duale Aufgabe. Das ist möglich, indem wir die zweifach duale Aufgabe (3.43) betrachten und aus dem optimalen Lösungsvektor die optimale Lösung der dualen Aufgabe ablesen. Wie im Abschnitt 3.4. können wir (5.5) natürlich auch direkt lösen. Die Beschreibung der Aufgabe (3.43) erfordert eine geordnete Darstellung der Mengen X_i, die in unserem Fall durch die zulässigen Lösungen der Einproduktprobleme gegeben sind. In jedem Einproduktproblem sind zwei zulässige Lösungen möglich. In der nach unserer Numerierung jeweils ersten wird der gesamte Bedarf auf einmal produziert, und in der zweiten Lösung erfolgt die Produktion entsprechend dem Bedarf jeder Periode. So ist

$$x_{11} = 4, \quad x_{12} = 0, \quad y_{11} = 2, \quad y_{12} = 0$$

die erste Lösung der Menge X_1, der der Funktionswert 14 entspricht. Damit kommen wir zur Aufgabe

$$\begin{aligned}&14v_{11} + 20v_{12} + 10v_{21} + 16v_{22} + 21v_{31} + 24v_{32} \to \min,\\ &v_{11} + v_{12} = 1,\\ &\qquad v_{21} + v_{22} = 1,\\ &\qquad\qquad v_{31} + v_{32} = 1,\end{aligned} \tag{5.9}$$

$$4v_{11} + 2v_{12} + 4v_{21} + 2v_{22} + 6v_{31} + 3v_{32} \leqq 12,$$
$$v_{11}, \ldots, v_{32} \geqq 0.$$

Wir betonen, daß bei Aufgaben mit hinreichend großen Parametern m und T diese Aufgabe explizit nicht aufgeschrieben werden kann und dafür auch keine Notwendigkeit besteht, da mit der im Abschnitt 3.4. beschriebenen Spaltengenerierungsmethode die Aufgabe sukzessiv aufgebaut wird.

Die Lösung der Aufgabe (5.9) ergibt

$$v_{11} = 1, \quad v_{21} = 1, \quad v_{31} = 1/3,$$
$$v_{12} = 0, \quad v_{22} = 0, \quad v_{32} = 2/3.$$

Der minimale Funktionswert ist gleich 47, d. h., er ist um eine Einheit geringer als der minimale Wert der Ausgangsaufgabe (5.7), (5.8). Der Lösungsvektor zu dieser Lösung ist

$$(s_1, s_2, s_3, u) = (18, 14, 27, 1),$$

und die optimale Lösung der dualen Aufgabe ist $u = 1$.

Wir berechnen noch die Werte $F_{jt}(u, w)$ für die angegebene Aufgabe bei $u = 1$ und $w = 0$:

$$\begin{aligned} &F_{10}(1,0) = 18, \quad F_{20}(1, 0) = 14, \quad F_{30}(1, 0) = 27, \\ &F_{11}(1, 0) = 10, \quad F_{21}(1, 0) = 8, \quad F_{31}(1,0) = 12. \end{aligned} \tag{5.10}$$

Wir sehen, daß nach dem Optimalitätskriterium (3.44) gilt:

$$F_{j0}(1, 0) = s_j, \quad j = 1, 2, 3.$$

5.1.4. Nach den vorbereitenden Darlegungen gehen wir nun zur Beschreibung von *Näherungsverfahren* und zur Erörterung ihrer *Qualität* über. Die Algorithmen, die, aufbauend auf den Zugängen der Spaltengenerierung und der Subgradiententechnik, formuliert werden, liefern Näherungslösungen, die nicht zwingend zulässig bzw. optimal sind. Sie konkretisieren einzelne Schritte der Algorithmenmodelle, lassen jedoch auch gewisse Fragen weiterhin offen.

Algorithmus der Subgradiententechnik zur näherungsweisen Lösung der Aufgabe (2.2)

1. Es sei eine zulässige Lösung $\{u_t^0, w_t^0\}_{t=1}^T \in \mathbb{R}_+^{2T}$ gegeben. Wir setzen den Iterationsindex $q := 0$.

2. Für alle $j = 1, 2, \ldots, m$ lösen wir die Aufgabe (5.4) bei $u_t = u_t^q$, $w_t = w_t^q$, $t = 1, 2, \ldots, T$, bestimmen die Parameter $F_{j0}(u^q, w^q)$ und die optimale Lösung $\{x_{jt}^q, y_{j,t-1}^q\}_{t=1}^T$ mit dem Algorithmus zur Lösung des äquivalenten Problems des kürzesten Weges 4.2.2.

3. Wir wählen einen neuen „Subgradienten" $\{p_t^q, a_t^q\}_{t=1}^T$ nach der Vorschrift $a_t^q := \sum_{j=1}^m b_j y_t^q = A_t$,

$$p_t^q := \sum_{j=1}^m (h_j \operatorname{sign} x_{jt}^q + a_j x_{jt}^q) - P_t, \qquad t = 1, 2, \ldots, T.$$

4. Wir bestimmen eine neue zulässige Lösung nach der Regel

$$u_t^{q+1} := \begin{cases} u_t^q + s_q p_t^q & \text{bei } u_t^q + s_q p_t^q \geqq 0, \\ 0 & \text{sonst,} \end{cases}$$
$$w_t^{q+1} := \begin{cases} w_t^q + s_q a_t^q & \text{bei } w_t^q + s_q a_t^q \geqq 0, \\ 0 & \text{sonst,} \end{cases} \qquad t = 1, 2, \ldots, T.$$

5. Bei $u_t^{q+1} = u_t^q$, $w_t^{q+1} = w_t^q$, $t = 1, 2, \ldots, T$, beenden wir den Lösungsprozeß, sonst setzen wir $q := q + 1$ und gehen zum Schritt 2.

Aus den optimalen Lösungen $\{x_{jt}^q, y_{j,t-1}^q\}_{t=1}^{T}{}_{j=1}^{m}$ der Aufgaben (5.4) bilden wir nach dem Abbruch im Algorithmus eine Näherungslösung. Nach dem Satz 3.4 ist diese Lösung optimal für die Aufgabe (2.2) mit entsprechend veränderten Ressourcen.

Wir demonstrieren das am Beispiel aus 5.1.2. Im Iterationsprozeß erhalten wir die optimale Lösung $(u^q, w^q) = (1, 0)$ mit den optimalen Lösungen der Aufgaben (5.4) $x_{11} = x_{21} = 4, x_{12} = x_{22} = 0, y_{11} = y_{21} = 2, x_{31} = 6, x_{32} = 0, y_{31} = 3$, und $x_{31} = x_{32} = 3, y_{31} = 0$. Die erste zusammengesetzte Lösung ist für die Aufgabe (5.7), (5.8) mit dem neuen Zeitfonds $P_1' = 14$ und den Kosten von 45 Einheiten optimal. Die zweite Lösung ist sogar für die ursprüngliche Aufgabe zulässig und auch optimal.

Der beschriebene Algorithmus ist ein Dekompositionsalgorithmus, in dem in einer oberen Ebene die Festlegung der Bewertungen $u_t, w_t, t = 1, 2, \ldots, T$, und in einer unteren Ebene die Lösung der Teilprobleme (5.4) vorgenommen werden. Dieser Zugang ist numerisch günstig, weil durch die Zweistufigkeit des Algorithmus eine Zerlegung in solche Teilprobleme realisiert wird, die effektiv gelöst werden können.

Neben der Abarbeitung des Algorithmus der Subgradiententechnik können auch andere Lösungsprinzipien zum Einsatz kommen. Bei Simulationsverfahren werden verschiedene Lösungen der dualen Aufgabe zufällig erzeugt und nach dem Zielfunktionswert und der primalen Zulässigkeit bewertet. In Dialogverfahren werden durch subjektive Vorgaben von dualen Lösungen ebenfalls Näherungslösungen für das Ausgangsproblem erzeugt.

Die Nachteile dieses primalen Zugangs zur Lösung der dualen Aufgabe lassen sich jedoch durch keine der genannten Techniken überwinden.

In 5.1.2. haben wir schon die Lösung der zweifach dualen Aufgabe für das Problem (5.7), (5.8) angegeben. Es seien nun für alle $j = 1, 2, \ldots, m$ schon $r'(j)$ verschiedene Lösungen der Aufgaben (5.4) ermittelt. Der Funktionswert f_j^s, die Zeitfonds c_{jt}^s und die Lagerkapazität l_{jt}^s, die eine s-te Lösung für ein j-tes Produkt in der t-ten Periode benötigt, seien ebenfalls berechnet. Dann wird im Algorithmenmodell der Spaltengenerierung die Aufgabe

$$\begin{aligned} &\sum_{j=1}^{m} \sum_{s=1}^{r'(j)} f_j^s v_{js} \to \min, \\ &\sum_{j=1}^{m} \sum_{s=1}^{r'(j)} c_{jt}^s v_{js} \leqq P_t, \\ &\sum_{j=1}^{m} \sum_{s=1}^{r'(j)} l_{jt}^s v_{js} \leqq A_t, \qquad t = 1, 2, \ldots, T, \\ &\sum_{s=1}^{r'(j)} v_{js} = 1, \; v_{js} \geqq 0, \qquad s = 1, 2, \ldots, r'(j), \qquad j = 1, 2, \ldots, m \end{aligned} \tag{5.11}$$

gelöst. Nun formulieren wir den

Algorithmus der Spaltengenerierung zur näherungsweisen Lösung der Aufgabe (2.2)

1. Gegeben seien $r'(j)$ Lösungen der Teilaufgaben (5.4) für die j-ten Produkte, mit denen die Aufgabe (5.11) definiert ist.

2. Die Aufgabe (5.11) wird gelöst. Es sei $v' = \{v'_{js}\}_{j=1}^{m}{}_{s=1}^{r'(j)}$ eine optimale Basislösung und $(u_1', \ldots, u_T', w_1', \ldots, w_T', s_1', \ldots, s_m')$ ein zugehöriger Lösungsvektor.

3. Wir lösen für alle $j = 1, 2, \ldots, m$ die Aufgabe (5.4) bei $u_t = u_t'$, $w_t = w_t'$, $t = 1, 2, \ldots, T$, bestimmen die Parameter $F_{j0}(u', w')$ und die optimalen Lösungen $\{x'_{jt}, y'_{j,t-1}\}_{t=1}^{T}$ mit dem Algorithmus zur Lösung des äquivalenten Problems des kürzesten Weges 4.2.2.

4. Bei $\min\limits_{j} \{F_{j0}(u', w') - s_j'\} \geqq 0$ ist das Optimalitätskriterium (3.44) erfüllt, $\{u_t', w_t'\}_{t=1}^{T}$ ist optimale Lösung der dualen Aufgabe (5.5), und $\{v_{js}\}$ mit

$$v_{js} = \begin{cases} v'_{js} & \text{bei} \quad s \leqq r'(j), \quad s = 1, 2, \ldots, r(j); \quad j = 1, 2, \ldots, m, \\ 0 & \text{sonst,} \end{cases}$$

ist optimale Lösung der zweifach dualen Aufgabe.
Sonst gehen wir zum Schritt *5.*

5. Wir bestimmen ein j^* mit $F_{j^*0}(u', w') < s'_{j^*}$, ordnen der entsprechenden optimalen Lösung der Aufgabe (5.4) den Index $s := r'(j^*) := r'(j^*) + 1$ zu, berechnen die Parameter $f^s_{j^*}$, $c^s_{j^*t}$, $l^s_{j^*t}$ zur Vervollständigung der Aufgabe (5.11) und gehen zum Schritt *2* zurück.

Nach (3.46) bilden wir die Näherungslösung $\{x_{jt}, y_{j,t-1}\}$ mit

$$x_{jt} = \sum_{s=1}^{r(j)} v_{js} x^s_{jt}, \qquad y_{jt} = \sum_{s=1}^{r(j)} v_{js} y^s_{jt}, \tag{5.12}$$

$j = 1, 2, \ldots, m$, $t = 1, 2, \ldots, T$, wobei hier der Index s die im Laufe der Rechnung erzeugten Lösungen für die einzelnen Produkte numeriert.

Nach Satz 3.5 gilt für mindestens $\max(0, m - 2T)$ Produkte, daß die Lösung der Bedingung (2.12) gerecht wird. Für höchstens $2T$ Produkte erhalten wir eine Mischung mehrerer Lösungen. Da in diesem Fall auch die Funktionswerte in der zweifach dualen Aufgabe linear miteinander kombiniert werden, erhalten wir nur eine untere Schranke des wirklichen Funktionswertes. Sind in der Aufgabe (5.11) einige Restriktionen als strenge Ungleichungen erfüllt, so erhöht sich die Zahl der Produkte, für die (2.12) gilt.

Im Beispiel (5.7), (5.8) führt der Algorithmus zur Lösung der Aufgabe (5.9) durch Spaltengenerierung. Bei Berechnung der Näherungslösung nach (5.12) ergibt

$$\begin{aligned} &x_{11} = 4, \quad x_{12} = 0, && y_{11} = 2, \\ &x_{21} = 4, \quad x_{22} = 0, && y_{21} = 2, \\ &x_{31} = 6/3 + 6/3 = 4, \quad x_{32} = 0 + 6/3 = 2, && y_{31} = 1. \end{aligned}$$

Damit ist nur für ein Produkt eine Mischung verschiedener Lösungen vorhanden. Der wirkliche Funktionswert der Lösung ist gleich 49 Einheiten. Die Lösung ist zulässig auf Grund der Linearität der Restriktion.

6*

Die wesentliche praktische Bedeutung des Zugangs besteht darin, daß für Aufgaben mit großem m, also mit einer großen Anzahl verschiedener Produkte, die auftretenden Unzulässigkeiten relativ geringe Ausmaße annehmen. Am Beispiel ist noch zu ersehen, daß das „Aufrunden" der Variablen v_{js} zu $v_{32} = 1$ und $v_{31} = 0$ führt. Die entsprechend (5.12) gewählte Lösung ist dann gleich der optimalen Lösung in 5.1.2. Diese Aussage gilt jedoch nicht für alle Probleme.

Der beschriebene Algorithmus ist ebenfalls ein Dekompositionsalgorithmus, in dem der Unterschied zum Dekompositionsverfahren durch Subgradiententechnik allein durch die „Tätigkeit" der oberen Ebene geprägt wird. In der unteren Ebene werden die gleichen Teilaufgaben (5.4) gelöst.

Beide Verfahren erlauben die Interpretation als Realisierungen von Methoden der *dezentralisierten* Leitung eines Systems durch *Bewertungen* (oder *Preise*), die an die untere Ebene gegeben werden und auf deren Grundlage diese ihre Pläne erstellt. Informationen darüber, wie die untere Ebene die vorgegebenen Ressourcen auslastet bzw. überbeansprucht werden für die Erstellung neuer Bewertungen benutzt, die noch besser die Tätigkeit der einzelnen Teilsysteme dieser Ebene koordiniert, ohne ihnen Fondsvorgaben zu machen.

Wir erörtern noch kurz die *numerischen* Aspekte der beiden Varianten der näherungsweisen Lösung der Aufgabe (2.2). Verfahren der Subgradiententechnik sind einfach zu programmieren und verhalten sich im Lösungsprozeß außerordentlich stabil. Nachteilig ist ihre relativ langsame Konvergenz. Verfahren der Spaltengenerierung erlauben den Einsatz von Programmsystemen zur Lösung linearer Optimierungsaufgaben, die in den meisten Rechenzentren der DDR in der Form des Programmiersystems OPSI vorliegen. Damit kann die Lösung der dualen Aufgabe ebenfalls effektiv gestaltet werden. Der organisatorische Aufwand ist jedoch relativ hoch, da diese Programmsysteme noch zu wenig zur Verwendung als Unterprogramm vorgesehen sind. In den Verfahren der Spaltengenerierung benötigt man ein Programm zur Lösung, Ergänzung und Auswertung der Aufgabe (5.11).

Bei der konkreten Wahl eines Näherungsverfahrens sollte man sich deshalb komplex an den Forderungen hinsichtlich der Qualität der Näherungslösung der Rechenzeiten und den rechentechnischen Möglichkeiten orientieren.

Die besondere Struktur der Aufgabe (2.2) hat bei der Realisierung der zwei Näherungsverfahren keinen wesentlichen Einfluß und schlägt sich nur in den speziellen Algorithmen zur Lösung der Aufgaben (5.4) nieder. Folglich ist der gesamte Formalismus auf die allgemeinere Aufgabe (2.8) übertragbar. Beide Zugänge können somit als Lösungsmöglichkeiten für die relativ breite Aufgabenklasse der horizontal separablen dynamischen Aufgaben der diskreten Optimierung angesehen werden.

5.2. Implizite Enumeration für horizontal separable Aufgaben

5.2.1. In diesem Abschnitt konkretisieren wir das Modell des Algorithmus der impliziten Enumeration für die Aufgabe (2.2), (2.12). Der Zugang der impliziten Enumeration ist auf Grund seines kombinatorischen Charakters in der Anwendung auf Aufgaben *mittlerer* Dimension beschränkt. Seine Realisierung ist zu empfehlen, wenn die Näherungslösungen des ersten Abschnitts unbefriedigend sind. In diesem Fall können gewisse Informationen aus der Lösung der dualen Aufgabe verwendet werden.

Entsprechend den Darlegungen in 3.3.2. sind für die gestellte Aufgabe Enumerations- und Schrankenberechnungsstrategien anzugeben; wir beginnen mit der Enumerationsstrategie:

Dem Modell des Algorithmus folgend legen wir die Variablen von der ersten Periode an fest. Zweckmäßig ist es, jeweils die Produktionsmengen gemäß (2.12) zu bestimmen und daraus eindeutig die Vorräte abzuleiten. Da in einer Periode die Werte für m Produkte zu definieren sind, legen wir auch hier eine Ordnung fest und beginnen mit dem ersten Produkt.

Nun sei der Wert der Variablen x_{jt} zu bestimmen. Gilt $y_{j,t-1} > 0$, so folgt nach (2.12) $x_{jt} := 0$, und wir können zum nächsten Produkt bzw. zur nächsten Periode übergehen. Andernfalls steht die Frage, wie wir diese Variable festlegen sollen. Formal gesehen ist es gleichgültig, welchen Wert wir der Variablen zuerst zuordnen. Die Überlegung, daß es in der Aufgabe im wesentlichen darum geht, den Bedarf für einzelne Perioden so zusammenzufassen, daß die Gesamtkosten minimal sind, liefert uns jedoch einen gewissen Hinweis: Wir beginnen damit, daß in der aktuellen Periode soviel wie möglich produziert wird und verringern dann im weiteren Enumerationsprozeß diesen Produktionsumfang. Dabei sind die beschränkten Ressourcen und die Bedingung der Bedarfsbefriedigung in jeder Periode zu berücksichtigen. Aus diesen verbalen Festlegungen leitet sich eindeutig die im Algorithmus verwendete Strategie ab.

Wir widmen uns nun der Schrankenberechnung. Zuerst verweisen wir auf einige Besonderheiten.

Durch die Festlegung eines Teils der Variablen sind in dem Enumerationsverfahren Teilmengen von Lösungen durch untere Schranken abzuschätzen. Nach Satz 3.6 können die Schranken (3.47), (3.48) verwendet werden. In diesen Schranken werden bei festem Lagrangevektor die Teilaufgaben (3.47) neu gelöst, wenn sich die Teilmengen X' verändern.

Für das Ausgangsproblem liegt die untere Schranke (5.3) vor. Wir zeigen, wie diese Schranke umzurechnen ist, wenn sich die Teilmenge der zulässigen Lösungen verändert. Wie im Algorithmenmodell der impliziten Enumeration 3.3.2. trennen wir die unteren Schranken in die Anteile f und p, durch die die aktuellen Kosten und die Abschätzung der Kosten für die noch freien Variablen charakterisiert werden.

Wir setzen voraus, daß im Enumerationsprozeß die Variable $x_{jt} := \overline{B}_{jtr}$ gesetzt wird, d. h., in der t-ten Periode wird der Bedarf der Perioden $t, t+1, \ldots, r$ produziert und entsprechend gelagert. Nach den Eigenschaften der Lösungen (2.12) liegen damit auch die Variablen $x_{js} := 0$, $s = t+1, \ldots, r$, und $y_{js} := \overline{B}_{j,s+1,r}$, $s = t, t+1, \ldots, r-1$, fest. Mit L' bezeichnen wir die untere Schranke des Funktionswertes der Menge der Lösungen, in der x_{jt} noch nicht festgelegt ist, und mit L'' die Schranke für die Teilmenge mit $x_{jt} = \overline{B}_{jtr}$. Dann gilt

$$L'' := L' + c_{j,t-1,r}(u, w) + F_{jr}(u, w) - F_{j,t-1}(u, w). \tag{5.13}$$

Hier ersetzen wir die Abschätzung der Kosten für das j-te Erzeugnis und die Perioden $t, t+1, \ldots, T$ durch

$$c_{j,t-1,r}(u, w) + F_{jr}(u, w).$$

In diesem Ausdruck sind die Kosten und „Strafen", wie wir sie in 5.1.2. beschrieben haben, zusammengefaßt. Diese modifizierten Kosten entstehen, indem der Bedarf der Perioden $t, \ldots, r$ auf einmal in der t-ren Periode produziert und für die restlichen Perioden $r + 1, \ldots, T$ der minimale Wert betrachtet wird.

Bei der Aufteilung des Wertes L'' in Kosten und Abschätzung gehen die Strafanteile

$$\Delta = h_j u_t \operatorname{sign} \overline{B}_{jtr} + a_j u_t \overline{B}_{jtr} + \sum_{s=t}^{r-1} b_j w_s \overline{B}_{j,s+1,r} \tag{5.14}$$

aus $c_{j,t-1,r}(u, w)$ in die Abschätzung ein, da sie keine echten Kosten darstellen. Nun bezeichnen wir die aktuellen Kosten und Abschätzungen analog mit f', f'', p' und p'' und erhalten dann die folgenden Formeln zur Umrechnung der unteren Schranken:

$$f'' := f' + d_{jt} \operatorname{sign} \overline{B}_{jtr} + L_j \sum_{s=t}^{r-1} \overline{B}_{j,s+1,r}, \tag{5.15}$$

$$p'' := p' + F_{jr}(u, w) - F_{j,t-1}(u, w) + \Delta. \tag{5.16}$$

Dabei gilt $L'' = p'' + f''$ und $L' = p' + f'$.

Im dritten Kapitel haben wir in (3.50) vorgeschlagen, neben der optimalen Lösung der dualen Aufgabe auch die triviale Lösung $u_t = w_t = 0$, $t = 1, 2, \ldots, T$, zur Schrankenberechnung zu verwenden. Neben der Schranke (5.3) mit der optimalen Lösung (u, w) betrachten wir die zweite Schranke

$$L(0, 0) = \sum_{j=1}^{m} F_{j0}(0, 0). \tag{5.17}$$

Für diese Schranke nehmen wir die Umrechnungen der Abschätzungen wie in (5.16) vor. Zur besseren Unterscheidung seien diese Abschätzungen mit p^0 bezeichnet. Da $\Delta = 0$ ist ergibt sich die Beziehung

$$p^{0''} := p^{0'} + F_{jr}(0, 0) - F_{j,t-1}(0, 0). \tag{5.18}$$

Für die weiteren Darlegungen verwenden wir die einfachere Symbolik $F_{jt}^0 := F_{jt}(0, 0)$ und $F_{jt} := F_{jt}(u, w)$, $h = 1, 2, \ldots, m$, $t = 0, 1, \ldots, T - 1$, wobei nach Kapitel 4 $F_{jT} := 0$ gesetzt wird.

Wir berechnen nun zum Beispiel (5.7), (5.8), die Parameter F_{jt}^0 und erhalten

$$F_{10}^0 = 14,\ F_{20}^0 = 10,\ F_{30}^0 = 21,\ F_{11}^0 = 10,\ F_{21}^0 = 8,\ F_{31}^0 = 12.$$

Die triviale Schranke für unser Beispiel ist $L(0, 0) = 14 + 10 + 21 = 45$, d. h., die Schranke (5.17) ist um zwei Einheiten kleiner als die Schranke, die wir aus der Lösung der Aufgabe (5.9) erhalten haben.

Wir zeigen nun an einem Beispiel, daß diese triviale Schranke für gewisse Teilmengen besser sein kann als p''. Dafür betrachten wir im Beispiel (5.7), (5.8) die Menge der zulässigen Lösungen, die bei der Festlegung $x_{3t} = 3$, $t = 1, 2.$ möglich sind. Wir erhalten die Schranken

$$p^0 = L(0, 0) + F_{32}^0 - F_{30}^0 = 45 + 0 - 21 = 24,$$

$$p = L(u, w) + F_{32} - F_{30} + u\overline{B}_{311} = 47 + 0 - 27 + 3 = 23.$$

Die Ursache für das „Versagen" der Schranke der dualen Aufgabe p besteht darin, daß die Teilmenge an Lösungen, die in der entsprechenden Teilaufgabe (3.31) vorliegt, vollständig in der Menge der zulässigen Lösungen der Ausgangsaufgabe liegt und deshalb eine Bestrafung durch die Lagrangemultiplikatoren hier nicht angebracht ist.

5.2.2. Wir beschreiben nun den Algorithmus der impliziten Enumeration zur Lösung der Aufgabe (2.2), (2.12). Für dessen Darstellung benötigen wir die folgenden Parameter:

$$P_t' := \sum_{j=1}^{m} (a_j B_{jt} + h_j \operatorname{sign} B_{jt}) (1 - \operatorname{sign} y_{j,t-1}), \qquad t = 1, 2, \ldots, T.$$

Diese Werte geben den Mindestbedarf an Zeitfonds der t-ten Periode an, der für die Bedarfsbefriedigung notwendig ist. Ist der Vorrat an einem gewissen Produkt in der $(t-1)$-ten Periode positiv, so wurde der Bedarf B_{jt} schon vorher hergestellt und belastet den Zeitfonds der t-ten Periode nicht. Wenn der Mindestzeitbedarf den vorgegebenen Zeitfonds überschreitet, kann eine zulässige Lösung nur aufgebaut werden, indem in den vorangegangenen Perioden etwas an dem vorhandenem Teil der Lösung geändert wird.

Wir stellen weiterhin fest, daß die Funktionen des Zeitaufwands und der Lagerkapazität in den linken Seiten der Restriktionen der Aufgabe (2.2) monoton wachsend sind. Deshalb gelten die in (3.21) angedeuteten Monotonieeigenschaften, d. h., wenn bei der Konstruktion einer zulässigen Lösung eine der Restriktionen verletzt wird, so liefert eine weitere Erhöhung der Produktionszahlen der entsprechenden Periode eine noch stärkere Verletzung der Restriktionen.

Die Aufgaben (2.2), (2.12) sind schon bei geringen Parmetern T und m von beachtlicher Dimension. Deshalb konzentrieren wir uns auf die Suche *ε-optimaler* Lösungen entsprechend dem Algorithmenmodell aus 3.3.2.

Algorithmus der impliziten Enumeration zur Lösung der Aufgabe (2.2), (2.12)

1. Wir setzen $x_{jt} := y_{jt} := 0$, $t = 1, 2, \ldots, T$, $j = 1, 2, \ldots, m$, die obere Schranke $f^* := +\infty$, die aktuellen Kosten $f := 0$, den Iterationszähler $s := 0$, die Speicher des aktuellen Zeitaufwands $z_t := 0$ und des aktuellen Kapazitätsaufwands $v_t := 0$, $t = 1, 2, \ldots, T$ und beginnen mit der Periode $t := 1$.

2. Wir arbeiten die folgenden Teilschritte sukzessiv ab.

2.1. Bei $P_t' \leqq P_t$ setzen wir $z_t := P_t'$, sonst gehen wir zum Schritt *8.2.* Wir beginnen mit dem Erzeugnis $j := 1$.

2.2. Bei $y_{j,t-1} > 0$ gehen wir zum Schritt *4.8.*

3. Wir setzen $x_{jt} := B_{jt}$. Danach sei $r := t + 1$.

4. Wir arbeiten die folgenden Teilschritte sukzessiv ab.

4.1. Bei $r > T$ gehen wir zum Schritt *4.5.*

4.2. Bei $z_t + a_j B_{jr} > P_t$ gehen wir zum Schritt *4.5.*

4.3. Bei $v_q + b_j B_{jr} \leqq A_q$, $q = t, \ldots, r-1$, setzen wir $x_{jt} := x_{jt} + B_{jr}$, $z_t := z_t + a_j B_{jr}$, $y_{jq} := y_{jq} + B_{jr}$, $v_q := v_q + b_j B_{jq}$, $q = t, \ldots, r-1$, sonst gehen wir zum Schritt *4.5.*

4.4. Wir setzen $r := r + 1$ und gehen zum Schritt *4.1.*

4.5. Wir setzen $r := r - 1$.

4.6. Wir verändern die aktuellen Kosten und Abschätzungen $f := f + c_{j,t-1,r}(0, 0)$, $p^0 := p^0 + F^0_{jr} - F^0_{j,t-1}$, $p := p + F_{jr} - F_{j,t-1} + \Delta$.

4.7. Bei $f + \max(p, p^0) \geqq f^*$ gehen wir zum Schritt *7.1.*

4.8. Bei $j < m$ setzen wir $j := j + 1$ und gehen zum Schritt *2.2.*

5. Bei $t < T$ setzen wir $t := t + 1$ und gehen zum Schritt *2.1.*

6. Wir verkleinern die obere Schranke $f^* := f/(1 + \varepsilon)$, erhöhen den Iterationszähler $s := s + 1$ und speichern die erhaltene zulässige Lösung ab.

7. Wir arbeiten sukzessiv die folgenden Teilschritte ab.

7.1. Bei $x_{jt} = 0$ gehen wir zum Schritt *8.*

7.2. Bei $x_{jt} > B_{jt}$ setzen wir $x_{jt} := x_{jt} - B_{jr}$, wenn $x_{jt} = \overline{B}_{jtr}$, und

$$f := f - L_j(r - t)\, B_{jr},\ p^0 := p^0 + F^0_{j,r-1} - F^0_{jr},$$

$$p := p + F_{j,r-1} - F_{jr} - a_j u_t B_{jr} - \sum_{q=t}^{r-1} b_j w_q B_{jr},$$

$$z_t := z_t - a_j B_{jr},$$

$$y_{jq} := y_{jq} - B_{jr}, \qquad v_q := v_q - b_j B_{jr}, \qquad q = t, \ldots, r - 1.$$

Danach gehen wir zum Schritt *4.7.*

7.3. Wir setzen $x_{jt} := 0$, $f := f - d_{jt}$, $p^0 := p^0 + F^0_{j,t-1} - F^0_{jt}$

$$p := p + F_{j,t-1} - F_{jt} - h_j u_t - a_j u_t B_{jt},\ z_t := z_t - a_j B_{jt}.$$

8. Wir arbeiten sukzessiv die folgenden Teilschritte ab.

8.1. Bei $j > 1$ setzen wir $j := j - 1$ und gehen zum Schritt *7.1.*

8.2. Bei $t > 1$ setzen wir $t := t - 1$, $j := m$ und gehen zum Schritt *7.1.*, sonst beenden wir den Prozeß.

Der beschriebene Lösungsalgorithmus bedarf einiger zusätzlicher Erläuterungen. Auf Grund der spezielleren Struktur der Aufgabe (2.2) ergeben sich einige Modifikationen gegenüber dem Algorithmenmodell 3.3.2. Im Algorithmus legen wir die Produktionsmengen für eine t-te Periode sukzessiv fest und testen nicht erst, nachdem alle Werte vorliegen, ob die Weiterentwicklung der Lösung perspektivisch ist. Der Test *4.7* erfolgt für jedes Produkt j, für das positive Produktionszahlen auftreten. Gemäß den Bemerkungen über die Verzweigungsstrategie in 5.2.1. versuchen wir in *4.1* bis *4.5*, die Produktionsmengen so zu vergrößern, daß die Restriktionen der Zeitfonds und der Lagerkapazität nicht verletzt werden.

Nachdem eine zulässige Lösung erstellt worden ist, wird die obere Schranke verkleinert. Dadurch werden im weiteren nur noch solche Lösungen gesucht, deren Funktionswert den aktuell besten unterschreitet. Die jeweils aktuelle zulässige Lösung wird aufgehoben und nach dem Auffinden einer besseren Lösung überspeichert.

In den Schritten *7.1* und *7.2* verändern wir die aufgebaute Lösung bzw. Teillösung, indem wir die Produktionszahlen verringern. Da jeweils der Bedarf einer Periode abgezogen wird, müssen gleichfalls die Kosten reduziert und die Abschätzungen erhöht werden. Dabei sind die Parameter, die in den Schritten *4.6* zur Verkleinerung der Abschätzungen führten, nun wieder hinzuzuziehen. Die beiden Fälle *6.2* und *7.3* sind zu unterscheiden, da sie verschiedene Konsequenzen bezüglich der Veränderung der einzelnen Parameter haben.

Wir illustrieren jetzt den Algorithmus am Beispiel (5.7), (5.8). Die Ausgangsparameter $p = L(1, 0)$, $p^0 = L(0, 0)$, F^0_{jt} und F_{jt} liegen in 5.2.1. vor. Wir setzen $\varepsilon = 0$ (vgl. Tab. 5.1)[6]). Mit dem Algorithmus ist die erste zulässige Lösung optimal. Wäre der Prozeß in der umgekehrten Richtung vom dritten zum ersten Erzeugnis gelaufen, so hätte man vorher eine andere zulässige Lösung erhalten. Die optimale Lösung stimmt mit der schon in 5.1.2. gefundenen überein.

Tab. 5.1

It.	t	j	x_{11}	y_{11}	x_{12}	x_{21}	y_{21}	x_{22}	x_{31}	y_{31}	x_{32}	f	p	p^0	f^*	Schrittfolge
0	—	—	—	—	—	—	—	—	—	—	—	0	47	45	$+\infty$	*1* → *2*
1	1	1	4	2	—	—	—	—	—	—	—	14	33	31	$+\infty$	*2* → *3* → *4* → *2*
2	1	2	4	2	—	4	2	—	—	—	—	24	23	21	$+\infty$	*2* → *3* → *4* → *2*
3	1	3	4	2	—	4	2	—	3	0	—	36	11	12	$+\infty$	*2* → *3* → *4* → *5*
4	2	1	4	2	0	4	2	—	3	0	—	36	11	12	$+\infty$	*5* → *2* → *4* → *2*
5	2	2	4	2	0	4	2	0	3	0	—	36	11	12	$+\infty$	*2* → *4* → *2*
6	2	3	**4**	**2**	**0**	**4**	**2**	**0**	**3**	**0**	**3**	48	−1	0	48	*2* → *3* → *4* → *5* → *6* → *7*
7	2	3	4	2	0	4	2	0	3	0	0	36	11	12	48	*7* → *8* → *7* → *8* → *7* → *8* → *7*
8	1	3	4	2	0	4	2	0	0	0	0	24	23	21	48	*7* → *8* → *7*
9	1	2	4	2	0	2	0	0	0	0	0	22	29	29	48	*7* → *4* → *7*
10	1	2	4	2	0	0	0	0	0	0	0	14	33	31	48	*7* → *8* → *7*
11	1	1	2	0	0	0	0	0	0	0	0	10	41	41	48	*7* → *4* → *7*
12	1	1	0	0	0	0	0	0	0	0	0	0	47	45	48	*7* → *8*

Der Algorithmus wurde in den Sprachen ALGOL-60 und FORTRAN programmiert und auf verschiedenen EDVA getestet. Mit ihm könnten Anwendungsaufgaben eines Karl-Marx-Städter Betriebes gelöst werden, die größte dieser Aufgaben erfaßte $m = 30$ Erzeugnisse und $T = 12$ Perioden (Monate). Die Berechnungen dienten der optimalen Aufteilung eines Jahresprogramms auf kürzere Zeiträume. Diese Probleme konnten auf der sowjetischen EDVA M-222 (Universität Leningrad) in durchschnittlich 2 Minuten gelöst werden. Eine mögliche Abweichung vom Optimum wurde absolut vorgegeben. Bei Kosten in der Größenordnung von 100000 Mark wurde die Rechnung bei einer Abweichung von höchstens 1000 Mark abgebrochen.

Die besondere Struktur der Probleme, die darin zum Ausdruck kommt, daß die beschränkten Ressourcen der Zeitfonds und der Lagerkapazität optimal auf die einzelnen Erzeugnisse aufzuteilen sind, führte zu einer Besonderheit im numerischen Verhalten des Algorithmus. Die Erhöhung der Ressourcen macht die großzügigere Verteilung möglich und verringert den Grad der gegenseitigen Abhängigkeit der Erzeugnisse voneinander. Wenn die Ressourcen hinreichend groß gewählt werden, so zerfällt das Problem sogar in m unabhängige eindimensionale Aufgaben. Aus diesem Grunde verbessert sich mit steigenden Kapazitäten

[6]) In der Tabelle wird die Schrittfolge der Schritte *2*, *4*, *7* und *8* nicht konkretisiert.

die Qualität der unteren Schranken, und damit verbunden verringert sich die notwendige Rechenzeit.

Die Erhöhung des Parameters der vorgegebenen Abweichung ε führt ebenfalls zur Verkürzung. Oft wird erst bei realistischer Vorgabe des Parameters ε eine Aufgabe in angemessener Zeit lösbar.

Die Verwendung der unteren Schranken aus der dualen Aufgabe erfordert die Lösung der Aufgabe (5.5) mit einem primalen oder dualen Verfahren. Wir geben hier einige Resultate an, die mit der Lösung der dualen Aufgabe mit dem Algorithmus der Spaltengenerierung gewonnen wurden. Mit f^* bezeichnen wir den minimalen Funktionswert einer Aufgabe, mit p bzw. p^0 die duale und die triviale untere Schranke, mit R_1 die Rechenzeit des Algorithmus der impliziten Enumeration, gekoppelt mit dem Algorithmus der Spaltengenerierung, mit R_2 die Rechenzeit des Algorithmus der Spaltengenerierung und mit R_3 die Rechenzeit des Algorithmus der impliziten Enumeration, in dem auf die Verwendung der Schranken p verzichtet wird. Für ausgewählte Beispiele ergaben sich die in Tab. 5.2 angegebenen Rechenzeiten auf der EDVA ES 1020 (in s).

Tab. 5.2

Parameter					
	$m =$	2	3	6	9
	$T =$	3	4	6	6
f^*		23	41	264	384
p		22,5	38,7	260	370
p^0		22	38	237	324
R_1		4	5	108	228
R_2		—	4	29	71
R_3		1,5	1	49	937

Die wenigen Beispiele zeigen, daß die Berechnung und Verwendung der dualen Schranken durchaus nicht in jedem Fall zu einer solchen Einsparung des Aufwands im Algorithmus der impliziten Enumeration führt, die den zusätzlichen Aufwand auch kompensiert. Bei einer großen Differenz $f^* - p^0$ scheint deren Einsatz jedoch angebracht.

Es ist leicht einzusehen, daß die Aufgabe (2.2), (2.12) NP-schwierig ist. Wir setzen $T = 2$, $d_{j2} = b_j = h_{jt} = L_j = B_{j1} = 0$, $B_{j2} > 0$ und P_1 hinreichend groß. Dann geht die Aufgabe in

$$\sum_{j=1}^{m} d_{j1} \operatorname{sign} x_{j1} \to \min,$$

$$\sum_{j=1}^{m} a_j x_{j1} \geqq \sum_{j=1}^{m} a_j B_{j2} - P_2, \qquad x_{j1} \in \{0, B_{j2}\}, \qquad j = 1, 2, \ldots, m,$$

und in

$$\sum_{j=1}^{m} c_j x_j \to \min,$$

$$\sum_{j=1}^{m} a_j x_j \geqq b, \qquad x_j \in \{0, B_{j2}\}, \qquad j = 1, 2, \ldots, m,$$

mit $c_j = d_{j1}/B_{j2}$ und $b = \sum_{j=1}^{m} a_j B_{j2} - P_2$ über. Offensichtlich kann ein beliebiges binäres Tornisterproblem so dargestellt werden.

5.2.3. Nach 5.1.2. läßt sich die Aufgabe (2.2), (2.12) in den Aufgabentyp (3.13) einordnen. Für diese Aufgabenklasse separabler Probleme wird in 3.2.5. das Konstruktionsprinzip so konkretisiert, daß eine äquivalente Aufgabe entsteht, deren Funktionswerte durch das Lösen einer Reihe kleinerer Aufgaben algorithmisch bestimmt werden. Für die vorliegende Aufgabe besteht die zugeordnete äquivalente Aufgabe in der optimalen Aufteilung der Zeitfonds und der Lagerkapazität in jeder Periode auf jedes Erzeugnis. Den Funktionswert einer gegebenen zulässigen Aufspaltung erhalten wir, indem wir die m Einproduktprobleme lösen, die durch die Vorgabe eines Zeitfonds und der Lagerkapazität für alle Perioden entstehen. Diese Einproduktprobleme lassen sich mit den im 4. Kapitel erörterten Zugängen behandeln. Wir gehen an dieser Stelle darauf nicht näher ein.

Die äquivalente Aufgabe selbst ist eine diskrete Optimierungsaufgabe mit einer nur algorithmisch angegebenen Zielfunktion. Trotzdem kann für deren Lösung der Zugang der impliziten Enumeration verwendet werden. Numerische Erfahrungen der Arbeit mit einem entsprechenden Algorithmus lehren, daß dieser Dekompositionszugang effektiv ist, wenn bei einer großen Zahl von Erzeugnissen und Perioden nur wenige Beschränkungen des Zeitfonds und der Lagerkapazität vorliegen.

Die Zugänge der Dualisierung und der impliziten Enumeration sind auch für andere horizontal separable Aufgaben einsetzbar. Natürlich werden dann gewisse Detailfragen anders gelöst. Die formale Beschreibung der Methoden für die Aufgabenklasse (2.8) liefert uns hier kein wesentlich neues Gedankengut. Deshalb stehe die Aufgabe (2.2) als Vertreter der gesamten Aufgabenklasse.

5.3. Dekomposition vertikal separabler Aufgaben

5.3.1. Das Produktionsplanungsmodell mit zweifachen Fixkosten

$$\begin{aligned}&\sum_{t=1}^{T}\left(g_t \operatorname{sign}\left(\sum_{j=1}^{m} x_{jt}\right) + \sum_{j=1}^{m}(d_j \operatorname{sign} x_{jt} + L_j y_{jt})\right) \to \min,\\ &y_{jt} = y_{jt-1} + x_{jt} - B_{jt}, \qquad x_{jt} \geqq 0, \qquad y_{jt} \geqq 0,\\ &t = 1, 2, \ldots, T, j = 1, 2, \ldots, m, y_{j0} = y_{jT} = 0,\end{aligned} \tag{2.3}$$

führt direkt zu einer diskreten Optimierungsaufgabe. In der Aufgabe sind die einzelnen Erzeugnisse j allein durch die Zielfunktion gekoppelt. Der zulässige Bereich zerfällt in m konvexe Polytope vom Typ (4.12), deren Extremalpunkte mit (4.13) oder, was dem entspricht, mit (2.12) charakterisiert werden. Wir können die Forderung (2.12) ohne jede Einschränkung zu den Bedingungen von (2.3) hinzufügen. Erinnert sei daran, daß die Zielfunktion konkav ist und demzufolge immer eine optimale Basislösung existiert.

Wir ordnen nun der vorliegenden Aufgabe eine äquivalente Aufgabe zu, deren Struktur uns weitere Hinweise für die Lösung gibt. Dazu ersetzen wir den Ausdruck

$$\operatorname{sign}\left(\sum_{j=1}^{m} x_{jt}\right)$$

in der Zielfunktion durch eine binäre Variable $z_t \in \{0, 1\}$, $t = 1, 2, \ldots, T$, und fordern

$$\sum_{j=1}^{m} x_{jt} \leqq z_t K, \qquad t = 1, 2, \ldots, T, \qquad K \text{ hinreichend groß.} \tag{5.19}$$

Damit erreichen wir, daß bei $z_t = 0$ auch für alle $j = 1, 2, \ldots, m$ die Gleichung $x_{jt} = 0$ gilt. Ist $z_t = 1$, so sind die Variablen x_{jt} entsprechend den Restriktionen der Aufgabe (2.3) frei wählbar. Den Nachweis, daß die beiden Aufgaben wirklich äquivalent im Sinne des Abschnitts 3.1. sind, überlassen wir dem Leser.

Es liegt nun die Aufgabe

$$\begin{aligned}
&\sum_{t=1}^{T} \left(g_t z_t + \sum_{j=1}^{m} (d_j \operatorname{sign} x_{jt} + L_j y_{jt}) \right) \to \min, \\
&y_{jt} = y_{jt-1} + x_{jt} - B_{jt}, \qquad x_{jt} \geqq 0, \\
&y_{jt} \geqq 0, \qquad y_{j0} = y_{jT} = 0, \qquad \sum_{j=1}^{m} x_{jt} \leqq K z_t, \\
&z_t \in \{0, 1\}, \qquad t = 1, 2, \ldots, T, \qquad j = 1, 2, \ldots, m,
\end{aligned} \tag{5.20}$$

vor, wobei zusätzlich noch die Bedingungen (2.12) zu berücksichtigen sind. Diese Aufgabe ist eine vertikal separable dynamische Aufgabe. Wenn wir den Vektor $z = (z_1, z_2, \ldots, z_T)$ fixieren, so zerfällt diese Aufgabe wie (2.9) in eine Reihe von Teilaufgaben, in denen bei $z_t = 0$ zwangsläufig auch $x_{jt} = 0$ ist. Die Ungleichungen (5.19) fassen dabei nur Beziehungen der Art

$$x_{jt} \leqq z_t K, \qquad t = 1, 2, \ldots, T, \qquad j = 1, 2, \ldots, m,$$

wie sie für eine vertikal separable Aufgabe typisch sind, zusammen.

Vertikal separable Aufgaben lassen sich als zweistufige Entscheidungsprobleme vom Typ (3.9) darstellen, wobei in der ersten Stufe die zusammenfassenden Variablen — hier ist das der Vektor z — und in der zweiten Stufe die Variablen der *zerfallenden* Teilprobleme betrachtet werden. Gemäß dem Abschnitt 3.2. läßt sich für unser Problem folglich auch eine äquivalente Aufgabe vom Typ (3.12) konstruieren. Auf Grund dieser Überlegungen entsteht die zu (5.20) äquivalente Aufgabe

$$\begin{aligned}
&\sum_{j=1}^{m} h_j(z) \to \min, \\
&z = (z_1, z_2, \ldots, z_T), \qquad z_t \in \{0, 1\}, \qquad t = 1, 2, \ldots, T,
\end{aligned} \tag{5.21}$$

mit $h_0(z) = \sum_{t=1}^{T} g_t z_t$,

$$\begin{aligned}
h_j(z) = \min \Bigg\{ &\sum_{t=1}^{T} (d_j \operatorname{sign} x_{jt} + L_j y_{jt}) : y_{jt} = y_{jt-1} + x_{jt} - B_{jt},\ x_{jt} \geqq 0,\ y_{jt} \geqq 0, \\
&y_{j0} = y_{jT} = 0,\ x_{jt} = 0 \quad \text{bei} \quad z_t = 0, \qquad t = 1, 2, \ldots, T \Bigg\},
\end{aligned} \tag{5.22}$$

$j = 1, 2, \ldots, m$. In dieser Aufgabe legen wir, verbal ausgedrückt, zuerst fest, in welchen Perioden nichts und in welchen Perioden etwas hergestellt werden kann, und berechnen dann die minimalen Kosten für die einzelnen Erzeugnisse. Aufgaben vom Typ (5.22) sind in 4.3.2. behandelt worden, deshalb setzen wir hier voraus, daß für die Lösung dieser Probleme Algorithmen zur Verfügung stehen.

Nach den Aussagen aus 3.2.2. sind die Aufgaben (5.20) und (5.21) polynomial äquivalent, da die Teilaufgaben (5.22) polynomial lösbar sind und aus einer optimalen Lösung der Aufgabe (5.20) die optimale Lösung von (5.21) einfach abgelesen werden kann.

Im weiteren beschreiben wir ein Verfahren der impliziten Enumeration zur Lösung der Aufgabe (5.21). Dafür benötigen wir untere Schranken. An dieser Stelle geben wir nur eine recht einfach zu ermittelnde Schranke an. Der interessierende Leser findet in der Literatur Verbesserungen dieser Schranken.

Wir betrachten eine Teilmenge der Lösungen z, in der die ersten Komponenten $z_1, z_2, \ldots, z_t$ festgelegt sind. Dann ist

$$p = \sum_{i=1}^{t} g_i z_i + \sum_{j=1}^{m} h_j(\mathbf{1}) \tag{5.23}$$

eine untere Schranke, denn es gilt $h_j(z) \leqq h_j(\mathbf{1})$ für alle z und $j = 1, 2, \ldots, m$, $\mathbf{1} = (1, 1, \ldots, 1)$.

Wenn im Verfahren der Funktionswert berechnet wird, d. h. wenn sukzessiv die Aufgaben (5.22) für $j = 1, 2, \ldots, m$ gelöst werden, kann die Schranke noch verbessert werden. Sind schon k Teilaufgaben gelöst worden, so ergibt sich die Schranke

$$p = \sum_{t=1}^{T} g_t z_t + \sum_{j=1}^{k} h_j(z) + \sum_{j=k+1}^{m} h_j(\mathbf{1}). \tag{5.24}$$

5.3.2. Die äquivalente Aufgabe (5.21) unterscheidet sich von den bisher betrachteten Aufgaben. Die Zielfunktion ist nicht explizit gegeben, sie ist nicht separabel bezüglich der Stufen t, und der zulässige Bereich besteht aus den Eckpunkten eines *T-dimensionalen Würfels* $W = [0, 1] \times \cdots \times [0, 1]$.

Das Schema der impliziten Enumeration 3.3.2. ist jedoch auch für diese Problemstellung anwendbar. Es treten dabei einige Besonderheiten auf. Der Zielfunktionswert wird nicht über die einzelnen Stufen aufsummiert. Nachdem eine Lösung $z = (z_1, z_2, \ldots, z_T)$ vorliegt, werden zur Bestimmung des Funktionswertes die Teilaufgaben (5.22) gelöst. Tests der Zulässigkeit sind hier nicht nötig.

Wenn für die Schranke (5.23) die Ungleichung $p \geqq f^*$ gilt, so ist die weitere Festlegung der Variablen $z_{t+1}, \ldots, z_T$ nicht zweckmäßig, da sonst der Wert der Schranke höchstens noch ansteigt. Es sind dann Veränderungen in den Variablen $z_1, \ldots, z_t$ vorzunehmen, um die vorliegende Schranke f^* zu unterbieten.

Die Konkretisierung des Enumerationsverfahrens aus 3.3.2. führt in unserem Fall zur Erzeugung einer geordneten Folge von Eckpunkten des Würfels W. Wir beschreiben deshalb zuerst ein solches Verfahren. Danach gehen wir zum Lösungsalgorithmus für die Aufgabe (5.21) selbst über.

Algorithmus zur Erzeugung einer geordneten Folge der Eckpunkte des Würfels W

1. $z_1 := 1, t := 2.$

2. $z_t := 0.$

3. Bei $t < T$ setzen wir $t := t + 1$ und gehen zum Schritt *2*, sonst speichern wir den Eckpunkt $(z_1, z_2, \ldots, z_T)$.

4. Bei $z_t = 0$ setzen wir $z_t := 1$ und gehen zum Schritt *3*, sonst setzen wir $z_t := 0$.

5. Bei $t > 1$ setzen wir $t := t - 1$ und gehen zum Schritt *4*, sonst beenden wir den Prozeß.

Tab. 5.3

t	1	2	3	3	3	2	3	3	3	2	1
z_1	1	1	**1**	**1**	1	1	**1**	**1**	1	1	0
z_2	—	0	**0**	**0**	0	1	**1**	**1**	1	0	0
z_3	—	—	**0**	**1**	0	0	**0**	**1**	0	0	0

Jeweils bei $t = T$ erhalten wir einen Eckpunkt des Würfels. Wir behalten im Ordnungsprozeß immer $z_1 = 1$ bei, da diese Beziehung für die Aufgabe (5.21) bei $B_{11} + \cdots + B_{m1} > 0$ zwangsläufig ist.

In Tab. 5.3 ordnen wir die Eckpunkte eines dreidimensionalen Würfels und erhalten so die vier Eckpunkte (1, 0, 0), (1, 0, 1), (1, 1, 0) und (1, 1, 1).

Wir verweisen nun noch auf eine Besonderheit, die bei der Lösung der Aufgabe (5.21) wesentlich ist. Für die Bestimmung des Funktionswertes ist von den Teilaufgaben (5.22) nur die Kenntnis des minimalen Funktionswertes und nicht der Lösung erforderlich. Deshalb kann man sich auf die Ermittlung des Wertes des kürzesten Weges beschränken und in den Algorithmen des vierten Kapitels auf die Berechnung des Weges selbst verzichten. Erst nachdem eine optimale Lösung von (5.21) zur Verfügung steht, löst man die Aufgaben (5.22) vollständig, um daraus die optimale Lösung der Aufgabe (2.3) abzuleiten.

Für die einfachere Beschreibung der unteren Schranken verwenden wir die Symbole

$$h^j(\mathbf{1}) = \sum_{i=j+1}^{m} h_i(\mathbf{1}), \qquad j = 0, 1, \ldots, m.$$

Algorithmus der impliziten Enumeration zur Lösung der äquivalenten Aufgabe (5.21)

1. Wir setzen die obere Schranke $f^* := +\infty$, den Zähler f der Fixkosten g_t $f := g_1$, die Variable $z_1 := 1$ und den Periodenzähler $t := 2$.

2. Wir setzen $z_t := 0$.

4. Bei $f + g_t z_t + h^0(\mathbf{1}) \geqq f^*$ setzen wir $z_t := 0$ und gehen zum Schritt *8*, sonst setzen wir $f := f + g_t z_t$.

5. Bei $t < T$ setzen wir $t := t + 1$ und gehen zum Schritt *2.*

6. Wir führen sukzessiv die folgenden Teilschritte aus.

6.1. Wir beginnen die Lösung der Teilaufgaben (5.22) mit dem ersten Erzeugnis $j := 1$ und setzen den Zähler der Kosten $h := 0$.

6.2. Bei $f + h + h_j(z) + h^j(1) \geqq f^*$ gehen wir zum Schritt *7*, sonst setzen wir $h := h + h_j(z)$.

6.3. Bei $j < m$ setzen wir $j := j + 1$ und gehen zum Teilschritt *6.2.*

6.4. Wir verkleinern die obere Schranke $f := f^* + h$ und merken uns die Lösung z.

7. Bei $z_t = 0$ setzen wir $z_t := 1$ und gehen zum Schritt *4*, sonst setzen wir $z_t := 0$ und $f := f - g_t$.

8. Bei $t > 1$ setzen wir $t := t - 1$ und gehen zum Schritt *7*, sonst beenden wir den Lösungsprozeß.

Die letzte zulässige Lösung ist optimal für die Aufgabe (5.21). Aus der Lösung der Aufgaben (5.22) erhält man eine optimale Lösung des Ausgangsproblems (2.3).

Der Algorithmus ist ein typischer Dekompositionsalgorithmus, denn in jedem Schritt wird eine gewisse Anzahl kleinerer Aufgaben gelöst. Falls sich dabei wie in *6.2.* herausstellt, daß die obere Schranke erreicht ist, so wird die Lösung der Teilaufgaben unterbrochen und der nächste Eckpunkt untersucht.

Der numerische Vorteil des Zugangs der Dekomposition besteht hier konkret darin, daß der Übergang von einer Aufgabe mit Tm Variablen, wenn wir nur die Produktionsmengen x_{jt} zählen, zu einem Problem mit T Variablen realisiert wird. Wenn auch die Zielfunktion des neuen Problems komplizierter ist so sind für deren Charakterisierung effektiv lösbare Aufgaben vorhanden, die die Komplexität des Problems nicht erhöhen.

Wir illustrieren nun den Algorithmus an einem Beispiel und beschreiben dann einige Ergebnisse numerischer Exprimente. Dem Problem

$$\begin{gathered}\sum_{t=1}^{3} (10 \operatorname{sign} x_{1t} + 3y_{1t} + 7 \operatorname{sign} x_{2t} + 4y_{2t} + 8 \operatorname{sign} (x_{1t} + x_{2t})) \to \min, \\ y_{j1} = x_{j1} - 2, \quad y_{j2} = y_{j1} + x_{j2} - 2, \quad y_{j2} + x_{j3} - 2 = 0, \\ x_{jt} \geqq 0, y_{jt} \geqq 0, \quad y_{j0} = y_{j3} = 0, \quad j = 1, 2, \quad t = 1, 2, 3,\end{gathered} \tag{5.25}$$

der Planung der Produktion von zwei Produkten über drei Perioden entspricht die äquivalente Aufgabe

$$\begin{gathered}\sum_{t=1}^{3} 8z_t + h_1(z) + h_2(z) \to \min, \\ z_1 = 1, \quad z_t \in \{0, 1\}, \quad t = 1, 2, 3.\end{gathered} \tag{5.26}$$

Für $h_j(1)$, $j = 1, 2$, erhalten wir $h_1(1) = 26$ und $h_2(1) = 21$. Damit gilt $h^0(1) = 47$, $h^1(1) = 21$, $h^2(1) = 0$ und $p = 8 + 26 + 21 = 55$. Den Lösungsprozeß stellen wir in Tab. 5.4 dar. In den ersten drei Schritten wird die Lösung (1, 0, 0) aufgebaut und dann in den Schritten *3* und *4* durch Lösen der beiden Teilaufgaben untersucht. Wir erhalten den Funktionswert 65. Bei $t = 3$ ist $z_t = 0$, also wird nach dem Algorithmus diese Variable erhöht. Die entstehende Lösung weist einen geringenen Funktionswert auf, deshalb verkleinern wir die obere Schranke auf 64. Danach ist für die Lösung (1, 1, 0) die Berechnung der Teilaufgaben erforderlich, wodurch wir aber keine bessere Lösung erhalten. Die vierte mögliche Lösung wird schon im Test *4* als nicht perspektivisch erkannt, weshalb hier die Teilaufgaben nicht betrachtet werden. Damit ergibt sich die optimale Lösung $z = (1, 0, 1)$ für (5.26) und aus (5.22) die optimale Lösung

$$x_{j1} = 4, \quad x_{j2} = 0, \quad x_{j3} = 2, \quad j = 1, 2,$$
$$y_{j1} = 2, \quad y_{j2} = 0, \quad j = 1, 2,$$

für die Aufgabe (5.25). Der optimale Funktionswert beträgt 64 Einheiten.

Tab. 5.4

Äquivalente Aufgabe				Teilaufgaben				
t	z_1 z_2 z_3	f	f^*	j	h	$h^j(z)$	$h^j(1)$	Schrittfolge
1	1 — —	8	$+\infty$					*1 → 2*
2	1 0 —	8	$+\infty$					*2 → 4 → 5 → 2*
3	1 0 0	8	$+\infty$					*2 → 4 → 5 → 6*
				1	0	28	21	*6.1 →. 2 →. 3 →. 2*
			67	2	28	31	0	*6.2 →. 3 →. 4 → 7*
3	1 0 1	16	67					*7 → 4 → 5 → 6*
				1	0	26	21	*6.1 →. 2 →. 3 →. 2*
			64	2	26	22	0	*6.2 →. 3 →. 4 → 7*
3	1 0 0	8	64					*7 → 8 → 7*
2	1 1 0	16	64					*7 → 4 → 5 → 2*
3	1 1 0	16	64					*2 → 4 → 5 → 6*
				1	0	26	21	*6.1 →. 2 →. 3 →. 2*
				2	26	22	0	*6.2 →. 3 → 7*
3	1 1 1	16	64					*7 → 4*
3	1 1 0	16	64					*4 → 8 → 7*
2	1 0 0	8	64					*7 → 8 → 7*
1	0 0 0	0	64					*7 → 8*

Der Algorithmus zur Lösung der Aufgabe (5.21) wurde von uns in leicht veränderter Form in FORTRAN programmiert und auf der EDVA ES 1020 getestet. Die Aufgabe (2.3) mit den Parametern $T = 10$, $m = 2$, $d_j = 500$, $L_1 = 2$, $L_2 = 1$, $g_t = 500$ für $t \leqq 8$, $g_t = 300$ für $t \geqq 9$, und

$$\{B_{jt}\} = \begin{pmatrix} 53 & 1 & 85 & 54 & 96 & 72 & 10 & 91 & 44 & 0 \\ 0 & 0 & 0 & 66 & 88 & 89 & 0 & 0 & 0 & 0 \end{pmatrix}$$

konnte in 9,40 s gelöst werden. Die optimale Lösung betrug $z = (1, 0, 0, 1, 0, 0, 0, 1, 0, 0)$ bzw.

$$\{x_{jt}\} = \begin{pmatrix} 139 & 0 & 0 & 232 & 0 & 0 & 0 & 135 & 0 & 0 \\ 0 & 0 & 0 & 243 & 0 & 0 & 0 & 0 & 0 & 0 \end{pmatrix}.$$

Als Funktionswert erhielten wir 4736. Die untere Schranke war 3648.

Die Beschränkung auf die Suche einer ε-optimalen Lösung mit $\varepsilon = 0{,}05$, d. h. mit einer Abweichung von höchstens 5% vom Minimum, verkürzte die Rechenzeit auf 4,58 s.

Tab. 5.5

$T =$		10			16			20		
		$\varepsilon =$ 10%	5%	0%	10%	5%	0%	10%	5%	0%
m	p		10664			17915			22339	
8	A	4	7	12	5	9	45		11	
	f^*	12969	12751	12751	22010	21588	21088	—	38525	—
	R	24	36	58	295	1593	3036		4068	
16	p		21631			45326			103231	
	A	3	5	8	8	13	40			93
	f^*	26022	25053	24471	59485	56717	56717	—	—	146658
	R	37	44	112	466	948	1658			3845
24	p		38247			159504			269904	
	A	3	4	8	5	7	45	4	6	62
	f^*	42227	41409	41305	182715	188396	182715	328515	3417787	327737
	R	25	92	181	603	689	2390	412	1284	2209
30	p		92046			159504			275266	
	A	3	6	16	5	9	41			51
	f^*	13081	121057	120538	169644	160344	155459	—	—	440109
	R	175	194	266	263	408	692			5400

Der experimentellen Überprüfung der Effektivität des Dekompositionsverfahrens diente die Lösung von 12 größeren Aufgaben. Diese Aufgaben wurden mit den Parametern $T = 10$, 16 und 20, $m = 8$, 16, 24 und 30 und $\varepsilon = 0{,}1$; 0,05 und 0 gelöst. In Tab. 5.5 geben wir in Abhängigkeit von m, T und die Parameter p (untere Schranke), A (Anzahl der berechneten Lösungen), f^* (Funktionswert der letzten, ε-optimalen Lösung) und R (Rechenzeit in s) an. Mit Tm erhalten wir die Anzahl der Variablen in (2.3)

Die Tabelle läßt erkennen, daß die Rechenzeit bei wachsendem T wesentlich stärker ansteigt, als bei wachsendem m. Das liegt daran, daß die Anzahl der zu lösenden Teilaufgaben wenig Einfluß auf die Komplexität der Aufgabe (5.21) hat, die Größe von T dagegen entscheidend die Anzahl der zu untersuchenden Lösungen bestimmt.

Am Beispiel $m = 8$, $T = 16$ ist zu sehen, daß 10% Genauigkeitsverlust zu einer zehnfachen Einsparung an Rechenzeit führen kann. Viele der Aufgaben werden erst in einer akzeptablen Zeit gelöst, wenn die Abweichung ε sinnvoll gewählt wird.

Für die Aufgabe $m = 30$, $T = 20$ konnte die Optimalität der Lösung nicht nachgewiesen werden, vielmehr erfolgte nach der vorgegebenen Zeit der Abbruch der Rechnung. Diese Aufgabe macht somit auch die Grenzen des Zugangs deutlich.

Vertikal separable dynamische Aufgaben anderer Struktur können prinzipiell in ähnlicher Weise gelöst werden. Die Ausnutzung der Struktur kann dann zu anderen Strategien der Schrankenbestimmung und der Verzweigung führen. Ungeklärt ist noch die Frage, inwieweit für diese Aufgabenklasse der Einsatz von unteren Schranken aus dualen Aufgaben zweckmäßig ist.

Der Einsatz von heuristischen Verfahren sowie von Strategien der Lösung im Dialog mit dem Rechner sind weitere Möglichkeiten, mit denen effektiv Aussagen über Aufgaben vom Typ (2.3) bzw. (2.10) erhalten werden können.

6. Lösung nichtmarkowscher dynamischer Aufgaben

In diesem Kapitel beschreiben wir zuerst den Lösungszugang der impliziten Enumeration für nichtmarkowsche dynamische Aufgaben der diskreten Optimierung. Danach wenden wir diese Methodik zur Lösung der langfristigen Planungsaufgabe (2.4) an und zeigen, welche Vereinfachungen und Besonderheiten die konkrete Struktur der Aufgabe hervorbringt.

6.1. Implizite Enumeration für nichtmarkowsche Aufgaben

6.1.1. Die Aufgabe (NM) bzw. (2.5) liegt in der Form

$$\sum_{t=1}^{T} f_t(y_{t-1}, x_{t-s}, \ldots, x_t) + f_0(y_T) \to \min,$$

$$y_t = P_t(y_{t-1}, x_{t-s}, \ldots, x_t),\ x_t \in X_t,$$

$$y_t \in Y_t,\ (y_{t-1}, x_{t-s}, \ldots, x_t) \in Z_t,$$

$$t = 1, 2, \ldots, T, \qquad x_t = x_t^0, \qquad t = 1 - s, \ldots, 0, \qquad y_0 = y^0$$

vor. Nach 2.2.1. ist diese Aufgabe äquivalent der markowschen Aufgabe (2.7). Deshalb läßt sich das Algorithmenmodell der impliziten Enumeration aus 3.3.2. für (NM) umformulieren.

In markowschen Aufgaben werden untere Schranken p_{t+1} für die Stufen $t+1, \ldots, T$ allein in Abhängigkeit vom Zustand y_t der Stufe t berechnet. In der Aufgabe (2.7) wird dieser Zustand sowohl von y_t als auch von den Steuerungen $x_{t-s+1}, \ldots, x_t$ gebildet, denn all diese Steuerungen haben Einfluß auf den Zustand y_{t+1}. Darum benötigen wir im weiteren untere Schranken $p_{t+1}(y_t, x_{t-s+1}, \ldots, x_t)$ zur Abschätzung des minimalen Funktionswertes der Aufgabe (2.5), die auf den Stufen $t+1, \ldots, T$ definiert ist und die den Anfangszustand $(y_t, x_{t-s+1}, \ldots, x_t)$ aufweist.

Nun formulieren wir das

Modell des Algorithmus der impliziten Enumeration zur Lösung der Aufgabe (NM)

1. Wir setzen $y_0 := y^0$, $x_t := x_t^0$, $t = 1 - s, \ldots, 0$, die obere Schranke $f^* := +\infty$, den Funktionswertzähler $f := 0$ und $t := 1$.

2. Wir setzen $r(t) := 1$, d. h., wir beginnen mit dem ersten Element von X_t.

3. Es bezeichne $x_t := x_t^{r(t)}$.

4. Bei $y_t := P_t(y_{t-1}, x_{t-s}, \ldots, x_t) \notin Y_t$ oder $(y_{t-1}, x_{t-s}, \ldots, x_t) \notin Z_t$ oder

$$f + f_t(y_{t-1}, x_{t-s}, \ldots, x_t) + p_{t+1}(y_t, x_{t-s+1}, \ldots, x_t) \geqq f^*$$

gehen wir zum Schritt *7*, sonst setzen wir $f := f + f_t(y_{t-1}, x_{t-s}, \ldots, x_t)$.

5. Bei $t < T$ setzen wir $t := t + 1$ und gehen zum Schritt *2*.

6. Wir verkleinern die obere Schranke $f^* := f + f_0(y_T)$ und speichern $\{x_t, y_{t-1}\}_{t=1}^{T}$. Dann reduzieren wir $f := f - f_T(y_{T-1}, x_{T-s}, \ldots, x_T)$.

7. Bei $r(t) < l(t)$ setzen wir $r(t) := r(t) + 1$ und gehen zum Schritt *3*.

8. Bei $t > 1$ setzen wir $t := t - 1$, $f := f - f_t(y_{t-1}, x_{t-s}, \ldots, x_t)$ und gehen zum Schritt *7*, sonst ist der Lösungsprozeß beendet.

Die zuletzt erhaltene zulässige Lösung ist optimal. Wir erhalten eine ε-optimale Lösung, wenn wir im Schritt *6* $f^* := f^*/(1 + \varepsilon)$ setzen. Auf die Illustration des Zugangs an einem Beispiel verzichten wir an dieser Stelle.

6.1.2. Prinzipiell sind für die Aufgabe (NM) ebenfalls die Methode der diskreten dynamischen Optimierung und der Zugang der Konstruktion eines äquivalenten Problems des kürzesten Weges anwendbar. Ihre Realisierung über die äquivalente Aufgabe (2.7) führt jedoch kaum zu praktikablen Ergebnissen, da die „Dimension“ der Zustände ansteigt und dann erfahrungsgemäß diese Methoden versagen.

6.2. Lösung der Aufgabe der langfristigen Planung

6.2.1. In der Aufgabe (2.4) ist eine Strategie der Kapazitätserweiterung zu finden, die für mehrere Planungszeiträume die Bedarfsbefriedigung sichert und die anfallenden Kosten minimiert. Der Zeitraum der Realisierung einer Variante der Kapazitätserweiterung umfaßt mehrere Perioden. Wenn wir zu einem bestimmten Zeitpunkt die Entscheidung über den

Einsatz einer Variante fällen, so beeinflussen wir damit die Kapazitätsentwicklung in mehreren Planungszeiträumen. Aus diesem Sachverhalt ergibt sich der nichtmarkowsche Charakter der Aufgabe (2.4).

Um die Darlegungen etwas zu vereinfachen, nehmen wir zusätzlich an, daß in jeder Periode mit der Verwirklichung von höchstens einer Variante begonnen werden soll. Dann nimmt die Aufgabe der langfristigen Produktionsplanung die folgende Gestalt an:

$$\sum_{t=1}^{T} \sum_{j=1}^{m} c_j x_{jt} \to \min,$$

$$x_{jt} = 0;\, 1, \qquad \sum_{j=1}^{m} x_{jt} \leqq 1, \qquad j = 1, 2, \ldots, m, \qquad t = 1, 2, \ldots, T,$$

$$K_t = K_{t-1} + \sum_{j=1}^{m} \sum_{p=t+1-s}^{t} x_{jp} v_{j,t+1-p},$$

$$y_t = y_{t-1} - \sum_{j=1}^{m} \sum_{p=t+1-s}^{t} x_{jp} c_{j,t+1-p} + C_t,$$

$$y_t \geqq 0, \qquad K_t \geqq B_t, \qquad t = 1, 2, \ldots, T,$$

$$x_{jt} = x_{jt}{}^0, \qquad j = 1, 2, \ldots, m, \qquad t = 2 - s, \ldots, 0,$$

$$K_0 = K^0, \qquad y_0 = y^0.$$

In der Zielfunktion sind mit den Parametern c_j die finanziellen Aufwendungen einer j-ten Variante dargestellt, d. h., es gilt

$$c_j = \sum_{r=1}^{s} c_{jr}, \qquad j = 1, 2, \ldots, m.$$

Wir schließen für die weiteren Betrachtungen den Fall aus, daß in der „Vorgeschichte" des Prozesses schon einige Varianten realisiert worden sind. Diese Annahme schränkt die Allgemeinheit nicht ein, da wir im entgegengesetzten Fall die so erhaltene Kapazität vom Bedarf absetzen können. Die erforderlichen finanziellen Aufwendungen subtrahieren wir von den vorhandenen Fonds C_t. Damit gelte für die zukünftigen Untersuchungen

$$x_{jt}^0 = 0, \qquad j = 1, 2, \ldots, m, \qquad t = 2 - s, \ldots, 0.$$

Die Zustände des betrachteten diskreten Prozesses werden durch die Kapazitäten K_t und die Restfonds y_t gebildet. Die Steuerungen der Stufen bzw. Perioden liegen mit den binären Variablen x_{jt} vor, durch die entschieden wird, ob eine j-te Variante verwirklicht wird (bei $x_{jt} = 1$) oder nicht. Für die einzelnen Komponenten des Zustandes sind in jeder Stufe untere Schranken gegeben. Diese Schranken bedingen, daß die Restfonds nichtnegativ sind und daß die Kapazität den Bedarf nicht unterschreitet.

Die Aufgabe (2.4) ist ebenfalls NP-schwierig. Wir setzen $T = s = 1$ und erhalten bei hinreichend großem C_1

$$\sum_{j=1}^{m} c_j x_{j1} \to \min,$$

$$\sum_{j=1}^{m} v_{j1} x_{j1} \geqq B_1 - B_0, \qquad x_{j1} \in \{0, 1\}, \qquad j = 1, 2, \ldots, m.$$

Damit erhält man die Aufgabe als Spezialfall das Tornisterproblem mit binären Variablen, und es gilt die obige Behauptung.

6.2.2. Wir widmen uns nun dem Problem der Schrankenfindung für die Aufgabe (2.4). Einen Weg der Bestimmung unterer Schranken weist uns der inhaltliche Charakter der Aufgabe. Es ist einleuchtend, daß jede Vereinfachung des Problems, die im *Weglassen* oder *Zusammenfassen* von Restriktionen der vorliegenden Aufgabe besteht, zu einer neuen Aufgabe führt, deren minimaler Funktionswert als untere Schranke Verwendung finden kann. Deshalb sei die ursprüngliche Problemstellung jetzt wie folgt vereinfacht. Zuerst bestimmen wir den maximalen Wert des Bedarfs im Planungszeitraum $1, 2, \ldots, T$ und bezeichnen ihn mit $B = \max\{B_t : t = 1, 2, \ldots, T\}$. Die Gesamtkapazität ist auf mindestens diesen Wert anzuheben. Da wir vorausgesetzt haben, daß vor der ersten Periode keine Varianten verwirklicht werden, müssen die in den Perioden $1, 2, \ldots, T$ eingesetzten Varianten wenigstens einen Kapazitätszuwachs von $b = -K^0 + B$ erbringen. Ist dieser Ausdruck nichtpositiv, so kann der Bedarf mit der vorhandenen Kapazität befriedigt werden, und die Aufgabe ist gegenstandslos.

Wir sagen uns weiterhin auch von der Forderung in der Aufgabe (2.4) los, nach der festzulegen ist, in welcher Periode welche Variante realisiert werden soll. Wir interessieren uns nur noch für die Anzahl der j-ten Varianten, die für eine kostengünstige Befriedigung des Maximalbedarfs benötigt wird. Eine j-te Variante bringt einen Kapazitätszuwachs von

$$v_j = \sum_{r=1}^{s} v_{jr}, \qquad j = 1, 2, \ldots, m,$$

Einheiten.

Die finanziellen Beschränkungen lassen wir ganz weg. Dann entsteht die Aufgabe

$$\begin{aligned} &\sum_{j=1}^{m} c_j x_j \to \min, \\ &\sum_{j=1}^{m} v_j x_j \geqq b, \qquad x_j \in \{0, 1, 2, \ldots, \}, \qquad j = 1, 2, \ldots, m, \end{aligned} \tag{6.1}$$

die wir als *Tornisterproblem* schon in 4.3.3. betrachteten. Die Variablen x_j erfassen die Anzahl der j-ten Varianten, die benötigt werden, um den Zuwachs b an Kapazität zu erhalten. Der minimale Funktionswert des Tornisterproblems (6.1) liefert uns eine untere Schranke für die Aufgabe (2.4). Zu dieser Aussage kommt man auch, wenn für die Konstruktion der Schranke der Weg der Dualisierung aus dem dritten Kapitel gewählt, die Lagrange-Multiplikatoren gleich Null gesetzt und zusätzlich einige Vereinfachungen getroffen werden.

Die Hilfsaufgabe (6.1) ermöglicht auch die Bestimmung unterer Schranken für Teilmengen von zulässigen Lösungen. Bevor wir näher darauf eingehen, treffen wir einige Festlegungen zur Konkretisierung des Algorithmenmodells aus 6.1.1.

6.2.3. Wir beschreiben nun eine mögliche Variante der Wahl der Steuerungen x_{jt}. Gemäß dem Algorithmenmodell 6.1.1. gehen wir so vor, daß — beginnend bei $t = 1$ —

entweder für ein $j(t)$

$$x_{j(t),t} = 1 \qquad \text{und} \qquad x_{jt} = 0, \qquad j \neq j(t),$$

oder alle $x_{jt} = 0$ gesetzt werden. Nehmen wir an, daß diese Vorgehensweise bis zum Zeitpunkt $t - 1$ realisiert worden ist. Dann ist nicht vorgeschrieben, welcher Weg in der t-ten Periode zu beschreiten ist.

Wir führen die Parameter k_t und $\bar{c}_t$, $t = 1, 2, \ldots, T$, ein, die uns angeben, welche Kapazitäten bzw. Fonds wir in den einzelnen Perioden zur Verfügung haben, wenn keine weiteren Varianten in die Planung einbezogen werden. Am Anfang des Lösungsprozesses sind die — mit dem Index 0 versehenen — Parameter gleich

$$k_t^0 = K_0 \qquad \text{und} \qquad \bar{c}_t^0 = \sum_{i=1}^{t} C_i, \qquad t = 1, 2, \ldots, T,$$

da

$$x_{jt} = 0, \qquad t = s - t, \ldots, 0, \qquad j = 1, 2, \ldots, m, \tag{6.2}$$

gilt. Die zweite Formel ergibt sich daraus, daß nach den Voraussetzungen der Aufgabe (2.4) unbenutzte Fonds in der nächsten Periode weiterverwendet werden können.

Wir nehmen an, daß in der t-ten Periode $x_{jt} = 1$ gesetzt und die Parameter k_i und $\bar{c}_i$, $i = 1, 2, \ldots, T$, neu berechnet werden sollen. Dann erhalten wir die Werte

$$k_i' = \begin{cases} k_i & \text{bei } i < t, \\ k_i + \sum_{l=1}^{i-t+1} v_{jl} & \text{bei } t \leqq i \leqq \min(t + s - 1, T), \\ k_i + v_j & \text{bei } i \geqq t + s, \end{cases} \tag{6.3}$$

und

$$\bar{c}_i' = \begin{cases} \bar{c}_i & \text{bei } i < t, \\ \bar{c}_i - \sum_{l=1}^{i-t+1} \bar{c}_{jl} & \text{bei } t \leqq i \leqq \min(t + s - 1, T), \\ \bar{c}_i - c_j & \text{bei } i \geqq t + s, \end{cases} \tag{6.4}$$

$$i = 1, 2, \ldots, T.$$

Beispielsweise sei $(k_1, k_2, k_3, k_4) = (2, 2, 2, 2)$ und $(\bar{c}_1, \bar{c}_2, \bar{c}_3, \bar{c}_4) = (2, 4, 6, 8)$. Die j-te Variante werde durch $(v_{j1}, v_{j2}) = (1, 2)$ und $(c_{j1}, c_{j2}) = (2, 1)$ charakterisiert. Bei $x_{j1} := 1$ erhalten wir $(k_1', k_2', k_3', k_4') = (4, 5, 5, 5)$ und $(\bar{c}_1', \bar{c}_2', \bar{c}_3', \bar{c}_4') = (0, 1, 3, 5)$. Damit kennen wir die Kapazität für alle vier Perioden und die zur Verfügung stehenden Fonds.

Eine j-te Variante kann realisiert werden und ist als Kandidat für eine zulässige Lösung anzusehen, wenn

$$\begin{aligned} &B_i > k_i \text{ für wenigstens ein } i = t, t + 1, \ldots, t + s - 1, \\ &\bar{c}_i' \geqq 0 \qquad \text{für alle} \qquad i = t, t + 1, \ldots, T \end{aligned} \tag{6.5}$$

gilt. Wir beziehen eine Variante in die Konstruktion einer zulässigen bzw. optimalen Lösung ein, wenn der Bedarf die Kapazität übersteigt und wenn die Fonds die Realisierung der Variante erlauben. Andernfalls gehen wir zu einer anderen Variante über, verzichten überhaupt darauf oder nehmen Veränderungen in den Perioden $1, 2, \ldots, t-1$ vor.
Bei der konkreten Wahl einer Variante beginnen wir bei $j = 1$ und gehen, wenn die Realisierung unmöglich ist, zu $j = 2$ über usw.

Wir widmen uns nun der Schrankenbestimmung für Teilmengen, wie sie im skizzierten Enumerationsprozeß auftreten. Wir setzen voraus, daß für die Perioden $1, 2, \ldots, t-1$ die Steuerungen festgelegt sind, und betrachten die Menge aller zulässigen Lösungen, die durch diese Festlegung entsteht. Mit

$$b' = B - K', \qquad K' = \max\{k_i : i = t, t+1, \ldots, T\} \tag{6.6}$$

ermitteln wir, um wieviele Einheiten die Kapazität noch mindestens erhöht werden muß, um den maximalen Bedarf zu befriedigen. Der minimale Funktionswert der Aufgabe (6.1) mit der rechten Seite b' liefert dann eine untere Schranke für die noch auftretenden Kosten der Perioden $t, t+1, \ldots, T$. Die Aufwendungen, die durch die Realisierung von Varianten in den Perioden $1, 2, \ldots, t-1$ auch noch in $t, t+1, \ldots, T$ berücksichtigt werden müssen, werden dabei nicht mit erfaßt. Sie gehen in die exakt berechenbaren Kosten

$$f = \sum_{j=1}^{m} \sum_{i=1}^{t-1} c_j x_{ji}$$

ein. Ist $f(b')$ der minimale Funktionswert der Aufgabe (6.1), so erhalten wir durch $p = f + f(b')$ eine untere Schranke für die Kosten und damit für den Funktionswert auf der erwähnten Teilmenge an zulässigen Lösungen. Aus diesem Grund ist es zweckmäßig, vor Beginn des Lösungsprozesses der Aufgabe (2.2) die Aufgabe (6.1) für ein gewisses Spektrum an Werten $b' \in (0, b]$ zu lösen. Nach Abschnitt 4.3. ist das mit Hilfe der dynamischen Optimierung durchführbar.

6.2.4. Wir beschreiben nun eine Variante der Realisierung des Algorithmenmodells 6.1.1. zur Lösung der Aufgabe (2.4.)

Algorithmus der impliziten Enumeration zur Lösung der Aufgabe (2.4)

1. Wir setzen die Parameter $k_t := k_t^0$, $\bar{c}_t := \bar{c}_t^0$, $t = 1, 2, \ldots, T$, den Funktionswertzähler $f := 0$, die obere Schranke $f^* := +\infty$, $t := 1$ und berechnen $f(b')$ für einige $b' \in (0, b]$.

2. Wir versuchen zuerst, ohne die Realisierung einer Erweiterungsvariante auszukommen, und setzen deshalb $j := j(t) := 0$.

3. Bei $B_i \leqq k_i$, $i = t, t+1, \ldots, \min(T, t+s-1)$, gehen wir zum Schritt *5*. Sonst gehen wir zur ersten Variante über und setzen $j := j+1$.

4. Wir realisieren sukzessiv die folgenden Teilschritte:

4.1. Bei $k_t + v_{j1} < B_t$ kann der Bedarf der t-ten Periode nicht befriedigt werden, deshalb gehen wir zu Schritt 7.

4.2. Wir berechnen k_i', $i = 1, 2, \ldots, T$, nach (6.3) und b' nach (6.6).

4.3. Bei $f + c_j + f(b') \geqq f^*$ ist die Einführung der j-ten Variante kostenmäßig ungünstig. Wir gehen dann zum Schritt *7*.

4.4. Wir berechnen $\bar{c}_i'$, $i = 1, 2, \ldots, T$, nach (6.4). Gilt (6.5) nicht, so ist die Einführung der j-ten Variante nicht zulässig, und wir gehen zum Schritt *7*.

4.5. Wir setzen $j(t) := j$, $f := f + c_j$, $k_i := k_i'$, $\bar{c}_i := \bar{c}_i'$, $i = 1, 2, \ldots, T$, d. h., wir fixieren momentan die j-te Variante.

5. Bei $t < T$ setzen wir $t := t + 1$ und gehen zum Schritt *2*.

6. Wir verkleinern die obere Schranke $f^* := f$ und merken uns $\big(j(1), \ldots, j(T)\big)$. Bei $j(T) = 0$ gehen wir zum Schritt *8*. Sonst setzen wir $f := f - c_{j(T)}$, verändern k_i und $\bar{c}_i$, $i = 1, 2, \ldots, T$, um die Kapazitäten und Aufwendungen der $j(T)$-ten Variante auszuschließen.

7. Bei $j < m$ setzen wir $j := j + 1$, d. h., wir gehen zur nächsten Variante über. Wir setzen die Berechnungen im Schritt *4* fort. Sonst sei $j(t) := 0$.

8. Bei $t > 1$ gehen wir eine Periode zurück, d. h., wir setzen $t := t - 1$ und verändern bei $j(t) \neq 0$ die Parameter $f := f - c_{j(t)}$, k_i und $\bar{c}_i$, $i = 1, 2, \ldots, T$, um die Kapazitäten und Aufwendungen der $j(t)$-ten Variante auszuschließen, setzen $j := j(t)$ und gehen zum Schritt *7*. Sonst ist der Lösungsprozeß beendet.

Die Konkretisierung der im Algorithmus nur verbal angedeuteten Teilschritte überlassen wir dem Leser. Die zuletzt fixierten Parameter $\big(j(1), j(2), \ldots, j(T)\big)$ liefern die optimale Lösung $\{x_{jt}\}_{j=1}^{m}{}_{t=1}^{T}$ mit $x_{jt} = 0$ bei $j \neq j(t)$ und $x_{jt} = 1$ bei $j = j(t) \neq 0$, $t = 1, 2, \ldots, T$.

Tab. 6.1

t	j	$j(t)$	k_1	k_2	k_3	k_4	f	b'	$f(b')$	f^*	$\bar{c}_1$	$\bar{c}_2$	$\bar{c}_3$	$\bar{c}_4$	Schrittfolge
1	—	—	10	10	10	10	0	—	—	$+\infty$	3	6	9	12	*1* → *2*
1	0	0	10	10	10	10	0	—	—	$+\infty$	3	6	9	12	*2* → *3*
1	**1**	**1**	10	12	12	12	5	3	6	$+\infty$	0	1	4	7	*3* → *4* → *5*
2	**0**	**0**	10	12	12	12	5	3	6	$+\infty$	0	1	4	7	*5* → *2* → *3* → *5*
3	0	0	10	12	12	12	5	3	6	$+\infty$	0	1	4	7	*5* → *2* → *3*
3	1	1	10	12	12	14	10	1	5	$+\infty$	0	1	1	2	*3* → *4* → *5*
4	0	0	10	12	12	14	10	1	5	$+\infty$	0	1	1	2	*5* → *2* → *3*
4	1	0	10	12	12	14	10	1	5	$+\infty$	0	1	1	2	*3* → *4* → *7*
4	2	0	10	12	12	14	10	1	5	$+\infty$	0	1	1	2	*7* → *4* → *7* → *8*
3	**2**	**2**	10	12	13	15	11	0	0	$+\infty$	0	1	1	1	*8* → *7* → *4* → *5*
4	**0**	**0**	10	12	13	15	11	0	0	11	0	1	1	1	*5* → *2* → *3* → *5* → *6* → *8*
3	2	0	10	12	12	12	5	0	0	11	0	1	4	7	*8* → *7* → *8*
2	1	0	10	12	12	12	5	3	6	11	0	1	4	7	*8* → *7* → *4* → *7*
2	2	0	10	12	12	12	5	3	6	11	0	1	4	7	*7* → *4* → *7* → *8*
1	2	1	10	10	10	10	0	5	11	11	3	6	9	12	*8* → *7* → *4* → *7*
1	2	0	10	10	10	10	0	5	11	11	3	6	9	12	*7* → *8*

Wir illustrieren den Algorithmus an dem folgenden Beispiel. Der Planungszeitraum erfasse $T = 4$ Perioden mit der Anfangskapazität $k_0 = 10$ und dem Bedarf

$$(B_1, B_2, B_3, B_4) = (10, 12, 11, 15).$$

Zur Erweiterung liegen die Varianten

$$v_{11} = 0, \quad v_{12} = 2, \quad c_{11} = 3, \quad c_{12} = 2 \text{ und}$$

$$v_{21} = 1, \quad v_{22} = 2, \quad c_{21} = 3, \quad c_{22} = 2 \text{ mit } s = 2$$

vor. Die Fonds der einzelnen Perioden betragen $C_t = 3$, $t = 1, 2, 3, 4$. Da $c_1 = 5$, $c_2 = 6$, $v_1 = 2$, $v_2 = 3$ gilt, ist zur Bestimmung unterer Schranken das Tornisterproblem (4.33) für alle $b' = 1, 2, 3, 4, 5$ zu lösen. Nach 4.3.3. haben wir die minimalen Funktionswerte der Aufgabe

$$5x_1 + 6x_2 \to \min,$$

$$2x_1 + 3x_2 \geqq b', \qquad x_1, x_2 = 0, 1, 2, \ldots$$

mit $f(0) = 0$, $f(1) = f(2) = 5$, $f(3) = 6$, $f(4) = 10$, $f(5) = 11$. Der Lösungsprozeß ist in Tab. 6.1 dargestellt. Wir finden eine zulässige und auch optimale Lösung mit $x_{11} = 1$ und $x_{23} = 1$. Damit ist es optimal, in der ersten Periode mit der Realisierung der ersten und in der dritten Periode mit der Realisierung der zweiten Variante zu beginnen.

Die Güte des Algorithmus wird wesentlich von der Schärfe der unteren Schranken bestimmt. Deshalb sind Untersuchungen von Interesse, die zu einer Verbesserung der Qualität der Schranken führen.

Das Modell (2.4) kann in verschiedenen Richtungen verallgemeinert werden. Besonders wichtig scheinen die Fälle zu sein, in denen mehrere Erzeugnisse auftreten, die finanziellen Fonds in Abhängigkeit von der Kapazitätserweiterungsstrategie gebildet werden und die Kosten in der Zielfunktion mit Diskontfaktoren gewichtet sind. Die entsprechenden Aufgaben lassen sich prinzipiell mit dem Zugang 6.1.1. behandeln.

7. Schlußbemerkungen

Aus der Sicht des Autors werden bei der Modellierung und Lösung dynamischer Aufgaben der diskreten Optimierung einige Tendenzen deutlich, die hier Erwähnung finden sollen:

1. Die Lösungszugänge für relativ komplexe Aufgaben enthalten oft

a) den Übergang zu einer geeigneten Aufgabenklasse (von Aufgaben der nichtkonvexen Optimierung zu diskreten Optimierungsaufgaben, von speziellen Optimierungsaufgaben zu äquivalenten bzw. dualen Problemen),

b) den kombinierten Einsatz verschiedener Lösungsprinzipien zur Lösung unterschiedlicher Teilprobleme und
c) die Berücksichtigung der konkreten Struktur der Aufgaben im notwendigen Maße.

2. Die Rang- und Reihenfolge der einzusetzenden Lösungsprinzipien wird wesentlich durch die Parameter und die Struktur der zu lösenden dynamischen Aufgaben bestimmt:

a) Wenn die „Dynamik" der Aufgaben die Dimension der Zustands- und Steuervektoren dominiert, d. h., wenn $T \gg m$ gilt, so finden Zugänge Verwendung (implizite Enumeration, dynamische Optimierung, Algorithmen zur Bestimmung des kürzesten Weges), in denen in erster Linie die Dynamik und erst in zweiter Linie andere Aspekte berücksichtigt werden.
b) Dominiert umgekehrt die Dimension der Zustands- und Steuervektoren die Dynamik, so rücken Verfahren an die erste Stelle, in denen die Separabilität der Zustände und Steuerungen bedeutend ist (Spaltengenerierung, Subgradiententechnik).
c) Effektiv lösbar scheinen im wesentlichen solche Aufgaben zu sein, in denen höchstens ein Parameter (Anzahl der Stufen des Prozesses oder Dimension der Zustands- und Steuervektoren) groß ist.

Seine heuristische Bestätigung findet die letzte Aussage in der Tatsache, daß im allgemeinen die Lösung eines komplexen Problems möglich ist, wenn man sich auf ein besonders wichtiges Problem konzentriert und die anderen Aspekte in stark aggregierter oder vereinfachter Form berücksichtigt.

3. Die Dekompositionsverfahren realisieren ein zweistufiges Lösungsschema, in dem wechselseitig die Aufgaben der ersten und zweiten Ebene betrachtet werden.

a) Dabei ist zu erreichen, daß mindestens die Aufgaben einer Stufe mit effektiven Algorithmen (etwa zur Lösung des Problems des kürzesten Weges) gelöst werden.
b) Weiter ist anzustreben, daß der Schwierigkeitsgrad der anderen, nicht immer effektiv lösbaren Aufgaben herabgesetzt wird, indem beispielsweise die Dimension der Aufgaben verringert wird.

4. Bei der Lösung konkreter Aufgaben der Praxis ist zu gewährleisten, daß

a) in der Phase der Modellierung solche Aufgaben erstellt werden, die den oben beschriebenen Tendenzen gerecht werden und die eine Konstruktion entsprechender Verfahren zulassen und
b) eine weitere Effektivierung der vorgestellten Algorithmen durch den Übergang zu ε-optimalen Lösungen oder zu Näherungsverfahren für nicht effektiv lösbare Teilprobleme erreicht wird.

8. Hinweise zur Literatur

Zweites Kapitel: Aufgaben vom Typ (2.1) werden in [3, 5, 9, 13, 17, 21, 25, 30, 34, 35, 39, 43, 46, 57, 60, 63, 64] und in anderen Arbeiten beschrieben. Die Aufgabe (2.2) wird in dieser oder ähnlicher Form in [7, 20, 26, 31, 36, 38, 42—47, 49, 62] behandelt, (2.3) ist Gegenstand der Untersuchungen [25, 41, 46, 47]. In [53] ist die Aufgabe (2.4) formuliert. Die beiden Klassen der markowschen und nichtmarkowschen dynamischen Aufgaben werden in [50, 51] studiert. Zu anderen dynamischen Aufgabenklassen, beispielsweise der linearen Optimierung, gibt es schon eine Reihe von Untersuchungen (vgl. [16]).

Drittes Kapitel: Das Konstruktionsprinzip für äquivalente Aufgaben wird in allgemeinerer Form in [52] beschrieben. Die Herleitung der Methoden der diskreten dynamischen Optimierung, der impliziten Enumeration und der Konstruktion von äquivalenten Problemen des kürzesten Weges in dieser Weise ist neuartig. Aussagen zur diskreten dynamischen Optimierung findet man beispielsweise in [3, 15]. Die angegebene Methode der impliziten Enumeration (vgl. [50]) realisiert im gewissen Sinne den Zugang zur Lösung allgemeiner diskreter Optimierungsaufgaben aus [28].

Für den Einsatz von Methoden der impliziten Enumeration oder allgemeiner von *Branch-and-Bound-Methoden* zur Suche ε-optimaler Lösungen plädieren viele Autoren, so auch in [11, 24]. Der Zugang der Konstruktion eines Problems des kürzesten Weges verallgemeinert die Ideen der Lösung einer Reihe von dynamischen Aufgaben in [13, 35, 57, 60, 64, 65]. Algorithmen zur Lösung von Problemen des kürzesten Weges werden u. a. in [56] angegeben.

Der Konstruktion und Lösung dualer Aufgaben sind viele Arbeiten gewidmet. Eine Übersicht findet man in [14]. Satz 3.3 wird in modifizierter Form in [12, 15, 31, 32, 47] formuliert, Satz 3.4 ist als Satz von EVERETT [9, 30] bekannt. Aussagen zur Lösung dualer Aufgaben der diskreten Optimierung mit der Methode der Spaltengenerierung findet man in [2, 7, 14, 31, 32, 47, 49, 51]. Subgradienten- bzw. Gradientenverfahren werden in [2, 31, 55] beschrieben. Untere Schranken vom Typ (3.47), (3.48) werden in [47, 49] entwickelt und getestet.

Viertes Kapitel: Aussagen zur Existenz einer zulässigen Lösung für (4.1) werden in allgemeinerer Form in [44, 47] gemacht. Satz 4.2 ist ein Spezialfall der Ergebnisse aus [13, 35, 47, 57]. Die Eigenschaften (4.11) bzw. (4.13) sind von vielen Autoren bewiesen bzw. benutzt worden [5, 7, 9, 18, 21, 25, 29, 34, 35, 39, 42, 43, 47, 48, 60, 63, 64]. Die Aufgabe (4.16) wird in [47] untersucht. Die Algorithmen der dynamischen Optimierung und der Lösung des äquivalenten Problems des kürzesten Weges werden in fast allen erwähnten Arbeiten realisiert. Der Satz 4.5 für die Aufgabe (4.14), (4.15) stammt aus [48]. Analoge Ergebnisse für den Fall, daß der Algorithmus zur Lösung des äquivalenten Problems des kürzesten Weges in der Zeitrichtung $t = 1, 2, \ldots, T$ verläuft, liegen in [9, 21, 48, 64] vor. Die Erfahrungen bei der Lösung der Aufgabe (4.16) werden auch in [47] dargelegt.

In der Literatur findet sich eine Reihe von Arbeiten, in denen die formulierten Lagerhaltungsmodelle verallgemeinert werden, wobei verschiedene Eigenschaften der Modelle auch dann erhalten bleiben [17, 18, 34, 35, 47, 57, 60, 61, 65].

Fünftes Kapitel: Untersuchungen zur Diskretisierung der Aufgabe (2.2) werden in [43] angestellt. Die näherungsweise Lösung analoger Aufgaben mit Hilfe zweifach dualer Probleme wird in [7, 31] demonstriert. In [31] werden beachtliche numerische Ergebnisse beschrieben.

Der Algorithmus der impliziten Enumeration zur Lösung der Aufgabe (2.2) wird in verschiedenen Varianten in [43, 47, 49] erörtert.

Das Dekompositionsverfahren zur Lösung der Aufgabe (2.3) wird in [29, 46] dargelegt, wo auch einige weitere Eigenschaften optimaler Basislösungen bewiesen werden.

Sechstes Kapitel: Die Darlegungen bauen auf der Arbeit [53] auf.

Neuere Untersuchungen zur Lösung dynamischer Aufgaben durch duale Dekompositionsverfahren werden in [66, 67] dargestellt. Einige hier angesprochene Fragen werden auch in [68, 69] diskutiert. In [70] sind Kompliziertheitsbeweise für analoge Probleme, wie sie im vorliegenden Buch betrachtet werden, angeführt.

9. Literatur

[1] Aho, A., J. Hopcroft, and J. Ullman, The design and analysis of computer algorithms, Addison-Wesley, Reading (Mass.) 1974.
[2] Beer, K., Lösung großer linearer Optimierungsaufgaben, VEB Deutscher Verlag der Wissenschaften, Berlin 1977.
[3] Bellman, R., Dynamic programming, Princeton University Press, Princeton (N. J.) 1957.
[4] Бережнев. В. Л., Э. Х. Гимади и В. Т. Дементьев, Экстремальные задачи стандартизации, Наука, Новосибирск 1978.
[5] Blackburn, J. D., and H. Kunreuter, Planning horizons for the dynamic lot size model with backlogging, Man. Science **21** (1974) 2, 251—255.
[6] Brucker, P., NP-complete Operations Research problems and approximation algorithms, Z. Oper. Research **23** (1979) 3, 73—94.
[7] Dzielinski, B. P., and R. Gomory, Optimal programming of lot size, inventory and labor allocation, Man. Science **11** (1965) 9, 874—890.
[8] Edmonds, J., Path, trees and flowers, Canad. J. Math. **17** (1965) 3, 449—467.
[9] Eppen, G. D., F. J. Gould, and B. P. Pashigian, Extensions of the planning horizon theorem in the dynamic lot size model, Man. Science **15** (1969) 5, 268—277.
[10] Everett, H. M., Generalized Lagrange multipliers method for solving problems of optimum allocation of ressources, Oper. Research **11** (1963) 3, 399—417.
[11] Финкельштейн, Ю. Ю., Об ε-подходе к решению задач целочисленного линейного программирования, Math. Operationsforschung und Statistik **8** (1977) 3, 317—322.
[12] Fisher, M. L., Optimal solution of scheduling problems using Lagrange multipliers. Part I, Oper. Research **21** (1973) 5, 1114—1127.

[13] FLORIAN, M., and M. KLEIN, Deterministic production planning with concave costs and capacity contraints, Man. Science **18** (1971) 1, 12–20.

[14] GEOFFRION, A. M., Lagrangean relaxation for integer programming, Math. Programming, Study **2** (1974), 82–114.

[15] HADLEY, G., Nichtlineare und dynamische Programmierung, Verlag Die Wirtschaft, Berlin 1969.

[16] ИВАНИЛОВ, Ю. П., и А. И. ПРОПОЙ, Задачи динамического линейного программирования, МЦНиТИ, Москва 1973.

[17] JESSE, R. R., Production-inventory decision under orderoccurence risk: the deterministic order quantity case, Man. Science **22** (1976) 6, 664–669.

[18] KALYMON, B. A., A decomposition algorithm for arborescence inventory systems, Oper. Research **20** (1972) 4, 860–874.

[19] KARP, R. M., Reducibility among combinatorial problems; In: MILLER, R. E., and J. W. THATCHER (eds.), Complexity of Computer-Computations, Plenum Press, New York 1972, 85–103 (russ. Übers.: Кибернетикческий сборник, Новая серия **12** (1975), 16–38).

[20] KLEINDORFER, P. R., and E. F. P. NEWSON, A lower bounding structure for lot-size scheduling problems, Oper. Research **23** (1975) 2, 299–311.

[21] KLEMM, H., und M. MIKUT, Lagerhaltungsmodelle, Verlag Die Wirtschaft, Berlin 1972.

[22] KORBUT, A. A., und J. J. FINKELSTEIN, Diskrete Optimierung, Akademie-Verlag, Berlin 1971 (Übers. a. d. Russ.).

[23] КОНВЕЙ, Р. В., В. Л. МАКСВЕЛЛ, и Л. В., МИЛЛЕР, Теория расписаний, Наука, Москва 1975 (Übers. von Theory of Scheduling, Addison-Wesley, Reading (Mass.) 1967).

[24] МОИССЕЕВ, Н. Н., Современное состояние теории исследования операций, Наука, Москва 1979, 283–309.

[25] KERNER, H., Scheduling for known but irregular batch-wise demand, Oper. Research Quart. **12** (1961) 4, 226–243.

[26] KORTANEK, K. O., D. SODARO, and A. L. SOYSTER, Multi-product production scheduling via extreme point properties of linear programming, Naval Research Logistic Quart. **15** (1968) 2, 287–300.

[27] KORTE, B., Approximative algorithms for discrete optimization problems, Discrete Optimization **1** (1979) 1, 85–120.

[28] KORTE, B., W. KRELLE, und W. OBERHOFER, Ein lexikographischer Suchalgorithmus zur Lösung allgemeiner ganzzahliger Programmierungsaufgaben, Unternehmensforschung **13** (1969) 2, 73–98.

[29] КУЗИН, Б. И., и К. РИХТЕР, Метод разложения для одной задачи управления производством и запасами, Применение мат. в экономике, Ленинград (1976) 11, 69–77.

[30] LAMBRECHT, M., and J. VAN DER EECKEN, A capacity constrained single facilty dynamic lot size model, European J. Oper. Research **2** (1978) 2, 132–136.

[31] LASDON, L. S., Optimization theory for large systems, MacMillan, London 1970.

[32] ЛЕБЕДЕВ, С. С., Целочисленное программирование и множители Лагранжа, Экономика и мат. методы **10** (1974) 3, 592–610.

[33] LENSTRA, J. K., and A. H. G. RINNOOY KAN, Computational Complexity of discrete optimization problems, Ann. Discr. Math. **4** (1979), 121–140.

[34] LIPPMAN, S. A., Optimal inventory policy with multiple set-up costs, Man. Science **16** (1969) 1, 118–138.

[35] LOVE, S. F., Bounded production and inventory models with piecewise concave costs, Man. Science **20** (1973) 3, 313–318.

[36] MANNE, A. S., Programming of economic lot sizes, Man. Science **4** (1958) 2, 115–135.

[37] MÜLLER-MERBACH, H., Optimale Reihenfolgen, Springer Verlag, Berlin–Heidelberg–New York 1970.

[38] NEWSON, E. F., Multi-item lot size scheduling by heuristic. Part I/II, Man. Science **21** (1975) 10, 1186—1203.

[39] OHSE, D., Näherungsverfahren zur Bestimmung der wirtschaftlichen Bestellmenge bei schwankendem Bedarf, Elektr. Datenverarb. **2** (1970), 83—88.

[40] PIEHLER, J., Ganzzahlige lineare Optimierung, Teubner-Verlag, Leipzig 1970.

[41] PIERCE, J. F. A., Multi-item economic lot-sizing problem, IBM Syst. J. **7** (1968) 1, 47—66.

[42] RICHTER, K., Lösung eines deterministischen dynamischen Produktions- und Lagerhaltungsproblems, Wiss. Z. TH Karl-Marx-Stadt **8** (1971) 1, 117—125.

[43] RICHTER, K., Deterministische dynamische Mehrproduktmodelle der Produktionsplanung und Lagerhaltung, Math. Operationsforsch. und Statistik **6** (1975) 3, 385—395.

[44] RICHTER, K., Untersuchungen eines linaren dynamischen Produktionsplanungsmodells, Wiss. Z. TH Karl-Marx-Stadt **18** (1976) 4, 399—402.

[45] RICHTER, K., Ressourcenaufspaltung für diskrete Optimierungsaufgaben. Teil I, Math. Operationsforsch. und Statistik **7** (1976) 6, 831—842.

[46] RICHTER, K., Ressourcenaufspaltung für diskrete Optimierungsaufgaben. Teil II, Math. Operationsforsch. und Statistik, Series Optimization **8** (1977) 1, 3—15.

[47] RICHTER, K., Untersuchungen zur Lösung deterministischer dynamischer Produktions- und Lagerhaltungsaufgaben, Dissertation B, TH Karl-Marx-Stadt 1978.

[48] RICHTER, K., Lösung einiger deterministischer dynamischer Lagerhaltungsaufgaben, Wiss. Z. TH Karl-Marx-Stadt **20** (1978) 6, 791—797.

[49] РИХТЕР, К., Об использовании обобщенных множителей Лагранжа в комбинаторных методах дискретного программирования, Math. Operationsforsch. und Statistik, Series Optimization **9** (1979) 1, 79—83.

[50] RICHTER, K., Dynamische Aufgaben der diskreten Optimierung, Wiss. Z. TH Karl-Marx-Stadt **21** (1979) 5, 549—557.

[51] RICHTER, K., Dynamische Aufgaben der diskreten Optimierung, 24. Internationales Wiss. Kolloquium, TH Ilmenau 1979, Vortragsreihe Mathematische Optimierung, 51—54.

[52] RICHTER, K., Äquivalente Optimierungsaufgaben und Dekomposition. Teil I/II, Math. Operationsforsch, und Statistik, Series Optimization **11** (1980) 3, 389—402.

[53] RICHTER, K., und R. RICHTER, Ein langfristiges Produktionsplanungsmodell, Mitteilungen der Math. Gesellschaft der DDR (1976) 2, 44—48.

[54] SCHOCH, M., Das Erweiterungsprinzip und seine Anwendung zur Entwicklung von Algorithmen für die Lösung kombinatorischer Optimierungsaufgaben, VEB Deutscher Verlag der Wissenschaften, Berlin 1976.

[55] ШОР, Н. З., Методы минимизации недифференцируемых функций и их приложения, Наукова думка, Киев 1979.

[56] SUCHOVIZKIJ, S. I., und I. A. RADCIK, Mathematische Methoden der Netzplantechnik, Teubner, Leipzig 1969.

[57] SWOVELAND, C., A deterministic multiperiod production planning model with piecewise concave production and holding backorder costs, Man. Science **21** (1975) 9, 1007—1013.

[58] ТАНАЕВ, В. С., и ШКУРБА, В. В., Введение в теорию расписаний, Наука, Москва **1975**.

[59] ТРИУС, Е. Б., Задачи математического программирования транспортного типа, Советское радио, Москва **1967**.

[60] VEINOTT, A. F., The status of mathematical inventory theory, Man. Science **12** (1966) 11, 745—777.

[61] VEINOTT, A. F., Minimum concave-cost solution of Leontief substitution models of multifacility inventory systems, Oper. Research **17** (1969) 2, 262—291.

[62] WAGNER, D. E., und C. M. SHETTY, Solution to a production scheduling problem with fixed costs, Oper. Research Quarterly **13** (1962) 1, 87—94.

[63] WAGNER, H. M., Principles of Operation Research, Prentice-Hall Inc., Englewood Cliffs (N. J.) 1969.

[64] WAGNER, H. M., and T. M. WHITIN, Dynamic version of the economic lot size model, Man. Science **5** (1958) 1, 89–96.

[65] ZANGWILL, W. I., A deterministic multi-period production scheduling model with backlogging, Man. Science **13** (1966) 1, 105–199.

Zusatz bei der Korrektur:

[66] BACHMANN, P., S. DEMPE, R. FISCHER und K. RICHTER, Optimale Aufteilung des Jahresprogramms auf Monate: ein dualer Zugang, Wiss. Information 27, TH Karl-Marx-Stadt 1981.

[67] DEMPE, S., and K. RICHTER, Polynomial algorithm of a special discontinuous knapsack problem, Wiss. Information 25, TH Karl-Marx-Stadt 1981.

[68] TERNO, J., Numerische Verfahren der diskreten Optimierung, Teubner-Verlag, Leipzig 1981.

[69] GIRLICH, E., und M. M. KOWALJOW, Nichtlineare diskrete Optimierung, Akademie-Verlag Berlin 1981.

[70] FLORIAN, M., J. K. LENSTRA, and A. H. G. RINNOOY KAN, Deterministic production planning: algorithms and complexity, Man. Science. **26** (1980) 7, 669–679.

10. Sachverzeichnis

Der Autor

- betrachtet diskrete Optimierungsaufgaben, die als diskrete endliche Prozesse modelliert werden können: die dynamischen Aufgaben der diskreten Optimierung

- stellt einige typische Lösungsprinzipien für diese Aufgaben vor: dynamische Optimierung, implizite Enumeration, primale und duale Dekompositionsmethoden

- wendet diese Prinzipien zur Lösung ausgewählter mittel- und langfristiger Planungsmodelle an und beschreibt numerische Ergebnisse aus der Lösung praktischer Aufgaben

- wendet sich damit an Mathematiker, Ingenieure und Ökonomen, die auf dem Gebiet der Modellierung und Optimierung ökonomischer, technologischer und technischer Systeme arbeiten

FSC
www.fsc.org
MIX
Papier | Fördert gute Waldnutzung
FSC® C083411

Zeitfracht Medien GmbH
Ferdinand-Jühlke-Straße 7
99095 Erfurt, Deutschland
produktsicherheit@kolibri360.de